natürlich oekom!

Mit diesem Buch halten Sie ein echtes Stück Nachhaltigkeit in den Händen. Durch Ihren Kauf unterstützen Sie eine Produktion mit hohen ökologischen Ansprüchen:

- 100 % Recyclingpapier
- mineralölfreie Druckfarben
- Verzicht auf Plastikfolie
- Kompensation aller CO_2-Emissionen
- kurze Transportwege – in Deutschland gedruckt

Weitere Informationen unter www.natürlich-oekom.de und #natürlichoekom

natürlich oekom · nachhaltig seit 1989

Bibliografische Information der Deutschen Nationalbibliothek:
Die Deutsche Nationalbibliothek verzeichnet diese Publikation in der Deutschen Nationalbibliografie; detaillierte bibliografische Daten sind im Internet über www.dnb.de abrufbar.

oekom – Gesellschaft für ökologische Kommunikation mbH
Waltherstraße 29, 80337 München

Layout und Satz: Werner Schneider
Korrektur: Petra Kienle
Umschlaggestaltung: Mirjam Höschl, oekom verlag
Umschlagabbildung: © Jamrooferpix / Adobe Stock
Druck: CPI books GmbH, Leck

ISBN: 978-3-96238-397-8

FSC www.fsc.org RECYCLED Papier aus Recyclingmaterial FSC® C083411

Klimaneutral Verlag ClimatePartner.com/53585-1805-1001

Gerd Estermann

Natur und Mensch

Wie wir die anthropozentrische Sichtweise überwinden

Eine Einladung

oekom

Inhaltsverzeichnis

Für meine Frau Claudia
und meine Töchter Anna und Tina

Vorwort

Seit Jahrtausenden betrachtet der Mensch die Natur aus einem egozentrischen Blickwinkel und bedient sich mit der größten Selbstverständlichkeit an ihren Schätzen. Das führte in vergangenen Jahrhunderten zwar zu lokalen Umweltkatastrophen, hatte aber global gesehen keine allzu großen Auswirkungen.

In den vergangenen 50 Jahren hat sich die Situation allerdings grundlegend verändert. Die Weltbevölkerung hat sich im 20. Jahrhundert mehr als verdreifacht. Die Erde ist in unserer Wahrnehmung in den letzten Jahrzehnten kontinuierlich kleiner und überschaubarer geworden. Die Meere sind nicht mehr unendlich groß, die Atmosphäre nicht mehr unbegrenzt und die Distanzen auf der Oberfläche sind erheblich geschrumpft. Fortgeschrittene technische Möglichkeiten bringen die Gefahr von gravierenden globalen Veränderungen mit sich. Naturschutz und Umweltschutz stehen oft im krassen Gegensatz zueinander. Während ersterer vorrangig den Erhalt von Arten und Lebensräumen in ihrer Ursprünglichkeit verfolgt, ist letzterer anthropozentrisch motiviert und entspringt meist dem Bestreben, vom Menschen verursachte Schäden zu reparieren oder nach Möglichkeit prophylaktisch zu vermeiden. Die Natur bildet die Grundlage und den Rahmen für unser Leben. Mit jedem Stück ursprünglicher Natur, das durch unser Eingreifen verloren geht, verlieren wir auch einen Teil unserer Seele.

Die Sehnsucht nach intakter Natur nimmt in einer zunehmend technisierten Welt stetig zu. Wir haben uns der Natur entfremdet. Betäubt von einer Fülle von Reizen, die auf uns einströmen und eingebunden in eine Gesellschaft der Geschwindigkeit, die kaum Zeit lässt, sich selbst und die Welt rund um uns wahrzunehmen, spüren wir immer mehr, dass wir die Bindung zu unseren materiellen und geistigen Wurzeln verloren haben.

Ich wage den Versuch einer ganzheitlichen Betrachtung der Natur mit dem Menschen als integrativen Teil eines universalen Entwicklungsprozesses.

Nicht das Sein ist der natürliche Zustand der Dinge, sondern das Werden. Über längere Zeiträume betrachtet, gibt es keine statische Existenz. Die Natur ist von einer allumfassenden Dynamik bestimmt. Selbst Gesteine, die wir als stabil und unveränderlich wahrnehmen, haben im Lauf von Jahrmillionen viele Umwandlungsprozesse erfahren. Auch die Entwicklung des Lebens ist Teil dieser globalen Evolution.

Der Mensch nimmt immer mehr Einfluss auf erdumspannende Prozesse. Ob Klimakrise oder Artensterben, viele zumeist unerwünschte Entwicklungen lassen sich auf anthropogene Ursachen zurückführen. Ein Fortschreiten auf diesem Weg würde unweigerlich in die Katastrophe führen.

Das Buch beschreibt, wie man Natur mit allen Sinnen erfahren kann, zeigt aber auch Wege auf, wie man sich ihr spirituell nähert, ganz ohne esoterischen Beigeschmack.

Einen faszinierenden Zugang bieten die Naturwissenschaften. Die revolutionären Erkenntnisse der vergangenen hundert Jahre haben das Bild von unserem Heimatplaneten grundlegend verändert. Mit jedem neuen Einblick tun sich weitere Fragen auf und offenbaren, wie komplex unsere Welt ist.

Nicht zuletzt durch die weltweite Corona-Krise und die damit verbundenen Einschränkungen hat ein Umdenken eingesetzt.

Wir müssen unsere Rolle im Universum neu definieren und uns von dem jahrhundertelang durch die Religionen geprägten Bild der einzigartigen Sonderstellung unserer Spezies lossagen. Die Natur ist nicht für uns Menschen gemacht. Sie hat ein Existenzrecht auch ohne den Menschen. Es gab sie lange vor uns und wird sie wohl auch nach uns noch geben. Der alttestamentarische

Schöpfungsauftrag „Macht euch die Erde untertan!“ ist in einer überbevölkerten Welt nicht mehr zeitgemäß und muss durch eine Kultur des harmonischen Miteinander und Füreinander ersetzt werden.

Ein neuer Blickwinkel auf das Natur-Mensch-Verhältnis könnte auf drei Thesen basieren, die unser zukünftiges Handeln bestimmen sollten.

- Unser Planet ist klein und endlich. Er ist verletzlich und es liegt in der Macht und der Verantwortlichkeit der Menschheit, ihn zu zerstören oder aber nachhaltig lebenswert zu erhalten.

- Wir Menschen sind nicht der Mittelpunkt des Universums oder die Krönung der Schöpfung. Wir sind Teil einer gemeinsamen Entwicklung, die alle Bereiche umfasst. Die Natur stellt einen Wert an sich dar, auch ohne unser Zutun. Sie hat ein Recht auf Unversehrtheit und ungestörte Entwicklung.

- Unser Handeln muss bestimmt sein von Rücksichtnahme auf die Bedürfnisse der gesamten Umwelt, zukünftige Generationen mit eingeschlossen. Es ist nicht zulässig, Anleihen bei der Natur zu nehmen, die nicht innerhalb eines überschaubaren Zeitraums beglichen werden können.

Das bedeutet letztlich, dass wir nicht *in* der Natur leben, sie sozusagen als externen unabhängigen Lebensraum nutzen, sondern *mit* der Natur, als ein integrativer Teil von ihr. Mit dieser Einstellung würden gravierende Eingriffe als Störungen des eigenen Wohlbefindens wahrgenommen und auf ein Mindestmaß reduziert. Wir könnten nach wie vor die Schätze der Natur nutzen, aber immer mit Bedacht und dem Blick auf die langfristigen Auswirkungen auf ein Ökosystem, dem auch wir angehören.

Sehnsucht Natur

Eine nächtliche Kanufahrt durch den Urwald in Ecuador in einer kleinen Gruppe, absolute Stille, man hört nur das Plätschern des Wassers beim Eintauchen des Paddels. Im Schein der Stirnlampe Fledermäuse mit weit aufgespannten Flughäuten, die knapp über die Wasseroberfläche segeln, um Insekten zu erbeuten. Dann ein merkwürdiges Grunzen über unseren Köpfen. Einige Hoatzins, große, urzeitliche Vögel mit Krallen an den Flügeln balancieren auf dünnen Ästen. Eine Szenerie wie aus der längst versunkenen Welt der Saurier. Selten habe ich mich der Natur so nahe und dem Universum so verbunden gefühlt.

Wir haben uns der Natur entfremdet. Betäubt von einer Fülle von Reizen, die auf uns einströmen, und eingebunden in eine Gesellschaft der Geschwindigkeit, die kaum Zeit lässt, sich selbst und die Welt rund um uns wahrzunehmen, spüren wir immer mehr, dass wir die Bindung zu unseren materiellen und geistigen Wurzeln verloren haben. Vielfach unbewusst vermissen wir das Empfinden, eingebettet zu sein in eine Welt, deren Teil wir sind und die Teil von uns ist.

Jeder, der in den Bergen unterwegs ist, kennt das Gefühl: Man ist über der Waldgrenze, lässt alles Belastende im Tal zurück und fühlt sich frei und eins mit der Natur. Millionen von Menschen suchen dieses Urlaubserlebnis in den Alpen und vielen anderen touristischen Destinationen der Welt. In einer vielfach von virtuellen Eindrücken geprägten Gesellschaft ist die Sehnsucht nach realen und ursprünglichen Erfahrungen gewachsen.

Während die Natur in früherer Zeit oft als feindlich und bedrohlich wahrgenommen wurde, ist sie heute ein Sehnsuchtsort und Projektionsfläche für eine scheinbar heile Welt.

Für viele ist die Natur ein Rückzugsbereich aus den Anforderungen des Alltags. Was in der gewohnten häuslichen Umgebung kaum gelingt, scheint in der freien Natur nahezu mühelos möglich – störende Gedanken abzuschütteln und sich ganz auf den Augenblick zu fokussieren. Schon seit meiner frühen Schulzeit zieht es mich in den nahe gelegenen Wald, um dort Entspannung zu finden und Energie zu tanken. Die tägliche Auszeit wurde zu einem liebgewonnenen Ritual, das ich bis heute beibehalten habe. Aber was ist der Auslöser für dieses unbewusste Wohlbefinden, das oft schon beim Betrachten eines Kalenderfotos oder eines Naturfilms hervorgerufen wird? Warum kann schon das Naturmotiv des Bildschirmschoners am Notebook beruhigend wirken oder schöne Bilder einer Naturdoku nach einem spannenden und aufregenden TV-Krimi zur Entspannung und einem besseren Schlaf beitragen? Die Schönheit einer Landschaft beeindruckt nicht nur durch ihre Ästhetik. Man könnte das Gefühl vergleichen mit den Empfindungen beim Hören schöner Musik oder beim Betrachten eines Kunstwerks.

Die Sehnsucht nach der Natur ist uralt. Sie wurde lange nicht bewusst wahrgenommen, da die Menschen in engem Kontakt mit ihrer Umwelt lebten und diese Verbundenheit eine selbstverständliche Erfahrung war. Heute ist diese Verbindung weitgehend verloren gegangen. Worin liegt die Ursache für diese fundamentale Sehnsucht?

Am Anfang war alles eins. Alle Materie und wohl auch alles, was wir als Geist oder Seele bezeichnen, war verdichtet in einem punktförmigen Energiekonzentrat, das bereits alles Zukünftige in sich trug, die Baupläne für alles, was je existierte und existieren wird. Die moderne Physik spricht von einer Singularität. Religiöse Menschen würden es wohl mit einer göttlichen Kraft in Verbindung bringen. In der fernöstlichen Philosophie spricht man von Brahman, dem Urgrund des Seins.

Vor 13,6 Milliarden Jahren entlud sich dann diese Energie in einem gewaltigen kosmischen Ereignis, das wir als Urknall oder Big Bang bezeichnen. Schon zu diesem sehr frühen Zeitpunkt vollzog sich die Trennung in Materie und Antimaterie. Treffen diese zwei unterschiedlichen Existenzformen aufeinander, so kehren sie in jenen Zustand zurück, aus dem sie hervorgegangen sind – reine Energie. Es ist ein bis heute unerklärlicher Glücksfall, warum bei dieser Trennung ein Überschuss an Materie entstand und so die Grundlage für unsere Existenz geschaffen wurde.

Die Sehnsucht nach Einheit ist uralt und übermächtig. Wir erleben uns als Individuen, als getrennt vom Ganzen, als isoliert und letztlich einsam. Unser Leben ist geprägt von einer unaufhörlichen Suche nach der verlorenen Einheit, nach einer Ganzheitlichkeit, die wir tief in unserem Inneren erahnen und gerade deswegen schmerzhaft vermissen.

Das latente Gefühl der Zugehörigkeit zu einem großen Ganzen entspringt auch der Entwicklungsgeschichte, von den Anfängen des Kosmos und der Geburt der Elemente bis zur biologischen Evolution des Lebens, die zuletzt auch uns Menschen hervorgebracht hat. Wir sind in gewisser Weise verwandt mit allem, was auf unserem Planeten existiert. Ähnlich wie in zwischenmenschlichen Beziehungen, verlangt Verwandtschaft nach Kontakt, nach Bindung.

Vielleicht ist es die Suche nach dieser verlorenen Einheit, die immer mehr Menschen dazu bringt, sich in der Natur zu bewegen, Gipfel zu erklimmen, Wüsten zu durchwandern oder in tropischen Riffen die Unterwasserwelt zu erkunden. Sie veranlasst Tausende von Sinnsuchern, auf Weitwander- oder Pilgerwegen sich diesem Ziel anzunähern. Manche reizen die Grenzen des Möglichen und Machbaren aus und begeben sich in lebensbedrohliche Situationen, in Felswänden und Eiswüsten, auf stürmischen Ozeanen oder mit abenteuerlichen Fluggeräten in der Luft, um sich und ihre Umwelt zu spüren.

Ich habe dieses Gefühl der Einheit und Verbundenheit mit der Umgebung an vielen Orten der Welt erfahren. Unter dem unglaublich klaren Sternenhimmel der Wüste, weit entfernt von jeglicher Zivilisation, zeigt sich eine Fülle von Sternen, wie man sie aufgrund der Lichtverschmutzung in bewohnten Gebieten nie erkennen kann. Über den Himmel spannt sich der Bogen der Milchstraße mit seiner unvorstellbar großen Anzahl von Sternen. Bei diesem Anblick wird klar, warum das Firmament schon in der Antike die Menschen fasziniert hat und als Sitz der Götter galt. Auch der wissenschaftlich gebildete moderne Mensch blickt mit Staunen und Verwunderung in das scheinbar unendliche Weltall und weiß doch, dass dies ein Blick in die Vergangenheit ist und das Licht vielleicht schon Millionen Jahre unterwegs ist, bevor es unser Auge erreicht. Heute wissen wir, dass etwa 200 bis 300 Milliarden Sterne in der Milchstraße, unserer Heimatgalaxie, existieren. Nach Auswertungen von Aufnahmen des Hubble-Weltraumteleskops geht man davon aus, dass das Universum mindestens zwei Billionen Galaxien enthält, also unfassbare 2000 Milliarden.

Es ist nicht nur der Blick in die unendlichen Weiten des Weltalls, der uns ehrfürchtig erschaudern lässt, auch unsere Erde ist voll von Orten, an denen wir unsere Verbundenheit mit unserem Heimatplaneten erfahren können. Ein besonderer Raum, um ursprüngliche Natur in ihrer unglaublichen Vielfalt zu erleben, ist der tropische Regenwald. Nur selten findet man noch den sogenannten Primärurwald, der keine durch Menschenhand verursachte Veränderung erfahren hat und sich ungestört über Jahrtausende entwickeln konnte. Kaum ein Winkel, der nicht mit Vegetation überzogen ist. Epiphyten, Aufsitzerpflanzen in prächtigen Farben, bedecken die mächtigen Äste der Urwaldriesen. Das Wasser in ihren trichterförmigen Stielen dient den Kaulquappen der Pfeilgiftfrösche als Kinderstube. Lianen schlängeln sich von Ast zu Ast, von Baum zu Baum. Triefende Nässe, der letzte Regenguss liegt noch nicht lange zurück.

Hatte ich mir vorher Sorgen gemacht, dass Hitze und hohe Luftfeuchtigkeit mich zu sehr belasten könnten, so wurde mir bald klar, dass es aussichtslos ist, gegen die äußeren Bedingungen anzukämpfen. Sobald ich meinen Widerstand aufgab und mich den Elementen auslieferte, waren diese keine Bedrohung mehr für mich. Allerdings zahlte ich auch Lehrgeld für meine Unerfahrenheit. Ähnlich einem Halbschuhtouristen, der in unseren Bergen unterwegs ist, ohne deren Gefahren zu kennen und einschätzen zu können, musste auch ich erste schmerzhafte Erfahrungen sammeln. Beim Versuch, die steile Uferböschung eines Bachbetts zu erklimmen, griff ich ahnungslos nach einem herabhängenden Ast, um mich daran hochzuziehen. Zu spät wurde mir klar, dass dieser voll mit spitzen Dornen besetzt war, die zudem noch eine ätzende milchige Substanz abgaben. Von diesem Zeitpunkt an befolgte ich die Grundregel für Dschungelexpeditionen: »Berühren verboten!« Unser ortskundiger Führer hatte seine Doktorarbeit über die Artenvielfalt in diesem geschützten Urwaldreservat verfasst und so erfuhr ich eine Menge über die erstaunlichen Fähigkeiten der Bäume im Regenwald. Über die Wanderpalme, die sich tatsächlich im Laufe ihres Lebens bis zu eineinhalb Meter bewegen kann, um mehr Sonnenlicht zu erhaschen. Sie macht das, indem sie ihre Stelzwurzeln verstärkt in eine Richtung ausbildet und dabei den Stamm gewissermaßen nachzieht. Oder den Ameisenbaum, der sich ein Heer von wehrhaften Ameisen hält, um Schädlinge abzuwehren. Klopft man an den hohlen Stamm, so kommen sie sofort aus dem Versteck, um ihren Baum zu verteidigen. Dieser bedankt sich, indem er den Insekten Wohnraum und Nahrung bietet.

Ich hatte später noch mehrmals Gelegenheit, unberührten Urwald zu erleben. Dabei erfasste mich immer wieder das Gefühl, einen heiligen Ort, ähnlich einem Tempel, zu betreten.

Man muss nicht unbedingt in ferne Länder reisen, um Natur intensiv und unmittelbar zu erfahren. Oft erlebe ich Naturnähe und -verbundenheit auch in den heimatlichen Bergen. Schon das Rauschen eines Gebirgsbachs oder der abendliche Gesang einer Amsel kann die Verbindung herstellen. Auch der Anblick unzähliger Berggipfel, der sich einem von der Spitze eines Dreitausenders bietet, lässt die Unendlichkeit erahnen. Es ist wohl dieses Gefühl, über den Dingen zu stehen, das uns antreibt, auf die Gipfel der höchsten Berge zu steigen und so zu erfahren, wie klein und unbedeutend unsere Alltagsprobleme aus dieser Perspektive erscheinen. Hat man diese Erfahrung einmal gemacht, möchte man das Gefühl immer wieder erleben. Es ist wie eine Sucht – Sehnsucht nach Geborgenheit und dem Aufgehen in der uns umgebenden Landschaft.

Immer wieder besuche ich einen kleinen See auf ungefähr 1500 Meter Meereshöhe. Dichter Wald säumt seine Ufer. Nach Süden hin öffnet sich eine Lichtung und gibt den Blick frei auf einen meist schneebedeckten Dreitausender. Kein Haus, keine Straße, keine Seilbahn ist zu sehen, nichts stört die Abgeschiedenheit. Der dunkle Moorsee hat etwas Geheimnisvolles, Mystisches, seine Oberfläche spiegelt den markanten Gipfel wider. Man glaubt sich nach Alaska oder Kanada versetzt. Schon nach kurzer Zeit nimmt mich die Stimmung regelrecht gefangen. Solche Orte sind eine unerschöpfliche Quelle für Erholung und Entspannung, sie werden oft als Kraftorte bezeichnet.

Man muss seine Sinne schärfen, um die Sprache der Natur zu verstehen, empfangsbereit sein für die vielen Signale, die sie aussendet. Adalbert Stifter hat es so formuliert: »Das Beste steht nicht immer in den Büchern, sondern in der Natur; nur haben die Menschen oft nicht die Augen, es zu sehen.« Oft sind es scheinbar alltägliche Beobachtungen, die aus einem neuen Blickwinkel oder unter besonderen Lichtverhältnissen ihre wahre Schönheit entfalten. Es ist das Gefühl der Ruhe, der Geborgenheit, das einen umfängt, wenn man stundenlang durch einen Wald oder über eine Hochebene wandert, ohne einer Menschenseele zu begegnen.

Das Hochland mit seinem weiten Horizont hat eine besondere Anziehungskraft und weckt uralte Sehnsüchte nach Freiheit und Unbegrenztheit. Bei langen Wanderungen über die ausgedehnten, baumlosen Hochebenen Islands, die von weiten Lavafeldern und Gletschern überzogen sind, habe ich dieses Gefühl am unmittelbarsten erfahren. Es ist, als würde man in einer grenzenlosen Landschaft aufgehen, gleichsam mit ihr verschmelzen. Kein Anzeichen einer Veränderung dieser Urlandschaft durch Menschenhand, kein Punkt, an dem der Blick zwangsläufig hängen bleibt.

Auch im Andenhochland konnte ich diese Erfahrung von Weite und einem beglückenden Freiheitsgefühl erleben. Unüberschaubare Felder von Frailejones, mannshohen Gewächsen aus der Familie der Korbblütler, deren behaarte Blätter sich wie Hasenohren anfühlen. Sie erleben tagtäglich alle vier Jahreszeiten – Nächte mit Temperaturen unter null und Nachmittage mit angenehmen zwanzig Grad. Ihre Wachstumsrate beträgt gerade einmal einen Zentimeter pro Jahr. Auf viertausend Metern ist die Luft klar und der Blick uneingeschränkt, fast so, als könnte man direkt in den Kosmos hinausblicken. Vor 200 Jahren suchte der große Forschungsreisende Alexander von Humboldt in dieser Gegend nach neuartigen Pflanzen. Seine große Amerikareise war aber keine der üblichen naturwissenschaftlichen Expeditionen, wie sie später noch häufig unternommen wurden. Sie glich mehr einer philosophisch-empfindsamen Reise. Er war auf der Suche nach der »alles umschließenden über alle Mechanismen hinausgehenden Harmonie« in der Natur. In einem Brief an einen Freund formulierte er seine Ziele: »Ich werde Pflanzen und Fossilien sammeln, mit vortrefflichen Instrumenten astronomische Beobachtungen machen können; ich werde die Luft chemisch zerlegen .... Das alles ist aber nicht der Hauptzweck meiner Reise. Auf das Zusammenwirken der Kräfte, den Einfluss der unbelebten Schöpfung auf die belebte Tierwelt und Pflanzenwelt, auf diese Harmonie sollen stets meine Augen gerichtet sein.« Noch vor Antritt der Reise hatte er Goethe in Weimar besucht und diesem gewiss auch seine naturphilosophischen Ansichten vorgetragen.

Der Schweizer Philosoph und Ethiker Markus Huppenbauer hat eine weitere Ursache für unsere Sehnsucht nach Ursprünglichkeit ausgemacht: »Natur ist eine Art Fluchtpunkt, um dem durchtechnisierten und organisierten Leben zu entkommen.«

Es ist gerade die urbane Bevölkerung, die vielfach den Ausstieg aus dieser Enge sucht. Oft beginnt dieser mit einer Änderung der Lebensgewohnheiten. Bewusstere Ernährung, natürliche Materialien in der Wohnumgebung und Kleidung, die Lektüre einschlägiger Literatur.

Einen besonders radikalen Weg beschritt der englische Tierarzt und Bioethiker Charles Foster von der Universität Oxford, der wochenlang das Leben von wilden Tieren führte, um in diesem Feldexperiment herauszufinden, wie diese denken und fühlen. Foster glaubt, dass Menschen durch einen Wechsel der Perspektive ihre Sinne schärfen können. Inspiriert wurde der radikale Versuch von einer Kindheitserinnerung. Als Junge traf Charles Foster im Garten hinter seinem Elternhaus in Nordengland auf eine Amsel. Er schaute ihr in die Augen. Sie verbarg ein Geheimnis. Sie schien etwas über den Garten zu wissen, was er nicht wusste. Seither versucht er, dieses Geheimnis zu lüften. Seine skurrilen Erfahrungen beschreibt der Autor in seinem Buch »Der Geschmack von Laub und Erde. Wie ich versuchte, als Tier zu leben«. Darin begründet Foster den Versuch, dem Anthropozentrismus zu entkommen – also der Art, alles von einer menschlichen Perspektive aus zu betrachten. Foster schreibt, eine schamanische Transformation sei möglich: Man kann für kurze Augenblicke zum Tier werden. Auf die Frage, ob dies möglich sei, antwortet Markus Huppenbauer: »In gewisser Weise schon: Biologisch gesehen sind Menschen ja Tiere. Zur spezifischen Begabung der Menschen gehört es, sich in andere Menschen hineinzuversetzen. Warum soll das nicht auch mit Tieren möglich sein?«

Die Sehnsucht nach Natur ist auch eine Sehnsucht nach Ursprünglichkeit und Unverfälschtheit. Wildnis stand früher für Bedrohung, für Unbeherrschbarkeit und Todesangst. Die Menschen versuchten, die Natur zu zähmen, um sich sicher und frei zu fühlen. Seit es kaum noch Wildnis gibt, wächst die Sehnsucht nach unberührter Natur. In einer zunehmend technisierten und durchorganisierten Welt steht Wildnis für positive Eigenschaften wie »echt«, »rein« und »unverdorben«. Sie verspricht Freiheit und Abenteuer. Nahezu jeder zweite Deutsche wünscht sich daher mehr Wildnis in seinem Land, wie aus einer Studie zum »Naturbewusstsein 2013« des Bundesamts für Naturschutz hervorgeht. 42 Prozent der Befragten möchten, dass es in Deutschland mehr Naturflächen geben sollte, die wieder sich selbst überlassen werden. Vor allem in Wäldern sollte sich mehr Wildnis entwickeln können, aber auch Moorlandschaften, Flussauen oder ehemalige Truppenübungsplätze sollten verwildern dürfen. 65 Prozent der Befragten gaben zu Protokoll, dass ihnen Natur umso besser gefällt, je wilder sie ist. So sind nur 36 Prozent der Meinung, dass ein Wald »ordentlich« aussehen sollte.

In Österreich wird die private Nachfrage nach Waldstücken immer größer. Viele Menschen wollen sich so den Traum von einem Stück intakter Natur erfüllen. Manche sehen darin eine Investition in die Zukunft, die vielleicht einmal satte Gewinne abwirft. Während sich Privatpersonen für Kleinwälder mit bis zu 5000 Quadratmeter interessieren, haben Großinvestoren Flächen mit mehr als 80 Hektar, vor allem in Ostösterreich, im Visier. Es geht also einmal mehr um Investition und Spekulation. Natur sollte nicht als Besitz gesehen werden, sondern als ideeller Wert, der allen gehört. Dass es auch Idealisten gibt, denen der Erhalt der Natur wichtiger ist als privater Besitz, zeigt das Beispiel des US-Öko-Unternehmers sowie Gründers der Textilmarken The

North Face und Esprit Holdings Limited. Er erwarb in Patagonien riesige Gebiete, um sie vor dem Zugriff von Farmern und der Energiewirtschaft zu bewahren. Insgesamt hat Tompkins 10.000 Quadratkilometer Land in Chile und Argentinien gekauft, das sich vom Stillen Ozean bis zu den Höhenzügen der Anden hinzieht. Die Fläche entspricht etwa der Hälfte von Mecklenburg-Vorpommern. Im Jahr 2017 spendete Tompkins die Landfläche der chilenischen Regierung, die daraus einen Nationalpark machte.

Wildnis ist dort, wo der Einfluss des Menschen gering ist. In Österreich gibt es einer Studie des Alpenvereins zufolge nur noch 7 Prozent Wildnis. Der überwiegende Teil davon liegt im alpinen Hochgebirge, das unseren besonderen Schutz erfordert. Der steigende Trend zum Outdoor-Sport bringt an manchen Hotspots die Natur in Bedrängnis. Der Verband der Sportartikelerzeuger und Sportausrüster Österreichs geht von 600.000 bis 700.000 Skitourengehern in Österreich aus, bei einer Gesamteinwohnerzahl von 8,8 Millionen bedeutet das einen Anteil von 12,5 Prozent der Bevölkerung. In Deutschland hat sich die Zahl der Skitourengeher in den letzten 15 Jahren verdreifacht. Vielleicht sollte man auch über die Einrichtung von Tabuzonen nachdenken, die durch ein saisonales Betretungsverbot Wildtieren und Pflanzen ein Rückzugsgebiet bieten.

Während ich diese Zeilen schreibe, sitze ich auf der Terrasse meines Wohnhauses, das abgelegen am Waldrand liegt und an eine Wiese angrenzt. Im Schwimmteich vor mir tummeln sich Dutzende Kröten und Frösche. Es ist März und bereits frühlingshaft warm. Erste Schmetterlinge zeigen sich und in den Bäumen und Sträuchern kann man schon die Anspannung der Knospen kurz vor der bevorstehenden Blüte spüren.

Es ist Tag vier der von der Landesregierung verordneten Quarantäne für Tirol. Die als Vorsichtsmaßnahme gegen die Ausbreitung des Corona-Virus verhängte Ausgangssperre hat alle überrascht. Plötzlich heißt es, zu Hause zu bleiben, nur in Ausnahmefällen darf das Haus verlassen werden. Viele Menschen sind von der Situation überfordert. Erzwungenes Nichtstun ist angesagt. Nachdem das Haus geschrubbt, das Auto geputzt und die längst fälligen Reparaturen durchgeführt sind, stellt sich für viele die Frage: »Was nun?«

Andere freuen sich über die plötzliche Verlangsamung des Lebens. Jetzt muss und kann man sich nicht mehr an der Geschäftigkeit und Hetze der Mitmenschen orientieren. Die Entschleunigung hat auch ihre positiven Seiten, man hat Zeit für Muße und Entspannung und spürt doch schmerzhaft, dass das gesellschaftliche Leben fast völlig zum Erliegen gekommen ist. Sogar die nimmermüde Tourismusmaschinerie in diesem Land steht still. Vor einer Woche wurden die Skigebiete behördlich gesperrt. Seither stehen Seilbahnen und Lifte still. Auch die Bars und Hotels haben geschlossen, Wochen vor dem geplanten Saisonende und trotzdem viel zu spät, wie Kritiker des Krisenmanagements meinen, hat doch die Verbreitung des Virus in den Aprè Ski-Bars ihren Ausgang genommen, wo sich Menschen, dicht an dicht gedrängt, angesteckt haben.

Die vielen kleinen städtischen Wohnungen werden nun zu Gefängnissen, die Parks sind gesperrt. Glücklich, wer in Zeiten wie diesen einen Garten besitzt. Gerade dann, wenn im Frühjahr das Leben erwacht, ist der Drang, sich hinaus in die Natur zu begeben, besonders groß. Das spüren vor allem auch Familien mit Kindern. Die Spielplätze sind gesperrt, Schulen und Kindergärten geschlossen. Eine geradezu gespenstische Ruhe in den Straßen. Auch sportliche Aktivitäten im Freien sind untersagt. Es gibt keine freien Kapazitäten im Gesundheitsbereich, um bei Unfällen rasche Hilfe zu gewährleisten. Skitourengeher, die sich nicht an die strengen Quarantäneregeln halten, müssen mit empfindlichen Strafen rechnen. Die Überwachung erfolgt teilweise auch aus der Luft mit Hilfe von Helikoptern.

Jetzt ist sie spürbarer als je zuvor, die Sehnsucht nach Natur.

In einer technisierten Welt suchen wir das Erlebnis von Ursprünglichkeit und Wildnis. Auch wenn sich kaum jemand die Rückkehr zu archaischen Lebensformen wünscht, nimmt doch das Bedürfnis nach Naturnähe und -verbundenheit zu. Der Ursprung dieser Sehnsucht liegt vielleicht unbewusst im teilweise verloren gegangenen Gefühl der Einheit mit unserem Planeten und dem Universum.

Vom Wesen der Materie

Einen Stein in der Hand halten, sein Gewicht zu spüren, seine Oberfläche zu ertasten, sind sinnliche Erfahrungen, die man schon im Kindesalter macht. Seit der Mensch bewusst denken kann, beschäftigt ihn die Frage, woraus die Welt rund um ihn, und letztlich, woraus er selbst besteht. Wie in vielen anderen Bereichen, waren auch hier die alten Griechen Vorreiter und Vordenker, die Antworten auf diese fundamentalen Fragen gesucht und gefunden haben.

Bereits im 5. Jahrhundert vor Christus wurden jene Ideen entwickelt, die bis heute unsere Vorstellung vom Aufbau der Materie bestimmen. Leukipp und sein Schüler Demokrit, so erzählt es die Legende, seien, ins Gespräch vertieft, durch einen Olivenhain gewandert, als sie beschlossen, eine kleine Jause zu sich zu nehmen. Bei einer griechischen Vesper darf Feta nicht fehlen, der landestypische Schafkäse. Einer der beiden teilte das Käsestück und reichte es dem anderen. Sie stellten sich nun die Frage, was denn, rein theoretisch, passieren würde, könnte man dieses Stück immer weiter teilen, in immer kleinere Stücke – und das unbegrenzt oft, ad infinitum, bis ins Unendliche.

Als gelernte Philosophen erkannten sie schnell, dass es zwei Möglichkeiten gab, diese Frage zu beantworten.

Möglichkeit eins: Die Trennung ist unendlich oft möglich. Möglichkeit zwei: Es gibt eine Grenze, ein Teilchen, das sich nicht weiter zerlegen lässt. Interessant, warum sie sich für die zweite Möglichkeit entschieden. Würde, wie in Möglichkeit eins angenommen, die Trennung tatsächlich unendlich oft erfolgen, so würden die Teilchen naturgemäß immer kleiner und bei unendlicher Wiederholung schließlich verschwinden. Materie nur durch Teilen zum Verschwinden zu bringen, schien ihnen reichlich absurd, sodass sie sich für Möglichkeit zwei entschieden. Das nicht weiter zerlegbare kleinste Teilchen nannten sie »atomon«, das Unteilbare, was namensgebend für das Atom war.

Historische Quellen berichten von einer anderen Beobachtung Demokrits, die den Anstoß zur Entwicklung des Atommodells bildete. Werden Kristalle gebrochen, so entsprechen die Bruchstücke in Form und Symmetrie stets dem Ausgangskristall. Das brachte den Naturphilosophen zur Einsicht, dass es einen kleinsten Kristall, ein kleinstes Teilchen geben müsse.

Eine Alltagsbeobachtung kann uns zum gleichen Ergebnis führen. Löst man einen Salzkristall in Wasser, so verteilt sich seine Masse schon nach kurzer Zeit homogen im gesamten Volumen der Flüssigkeit. Bei Kochsalz ist das am Geschmack überprüfbar. Unabhängig davon, aus welchem Teil der Lösung man eine Probe entnimmt, sind Art und Intensität des Geschmacks überall gleich. Bei gefärbten Salzkristallen verteilt sich die Farbe gleichmäßig auf das gesamte Flüssigkeitsvolumen. Dieser Befund ist nur mit einem Teilchenmodell erklärbar.

Schon vor fast 2500 Jahren nahm Demokrit an, dass Materie im Wesentlichen aus leerem Raum besteht: »Die ›atoma‹ sind das Seiende im Nichtseienden, wie die erfüllten Sterne im leeren Firmament«, damals reine Spekulation, heute eine experimentell bewiesene Tatsache.

Etwa hundert Jahre später vertrat ein wesentlich berühmterer Philosoph eine ganz andere Sicht vom Aufbau der Materie. Der Universalgelehrte Aristoteles hatte als Erzieher von Alexander dem Großen erheblichen politischen Einfluss und so ist es wenig überraschend, dass seine Theorie der vier Elemente »Feuer«, »Wasser«, »Luft« und »Erde« wesentlich populärer wurde als die der Atomisten. Natürlich wusste Aristoteles, dass es mehr als vier Stoffe gab, erklärte aber deren Vielfalt als das Ergebnis der Mischung der einzelnen Elemente. Ein Stoff, der flüssig ist, enthält also vor allem Wasser, ist er zudem brennbar, so ist auch Feuer enthalten.

Wie so oft in der Geschichte, zählte auch hier nicht die Kraft der Argumente, sondern vielmehr die Autorität, die dahinter stand. Tatsächlich hat sich diese Theorie mehr als zweitausend Jahre lang gehalten, von den Gelehrten in den Klöstern aufgezeichnet und immer wieder weitergegeben. Und selbst heute spricht man nicht nur in esoterischen Kreisen von den vier Grundelementen.

Während die griechischen Philosophen davon überzeugt waren, dass man alle Fragen, auch naturwissenschaftliche, nur durch Nachdenken lösen könne, begann im 19. Jahrhundert das Zeitalter der empirischen Forschung. Beobachtung und Experimente bildeten fortan die Grundlage für die Gewinnung neuer Erkenntnisse. Der englische Chemielehrer John Dalton verfügte über eine der genauesten Waagen seiner Zeit und ermittelte in akribischer Arbeit das Stoffmengenverhältnis, in dem unterschiedliche Stoffe miteinander reagieren. Daraus leitete er schlüssig ab, dass es eine kleinste Stoffeinheit geben müsse, das Atom.

Heute ist es möglich, mit moderner Technik und dank Computervisualisierung Atome indirekt »sichtbar« zu machen. Es ist faszinierend, in diese geheimnisvolle Welt vorzudringen. Für mich als Chemiker war es ein erhebendes Gefühl, als ich zum ersten Mal am Bildschirm des Rastertunnelelektronenmikroskops beobachten konnte, wie sich die Konturen eines Moleküls immer deutlicher abzeichneten. Hier entstand nicht das Produkt eines Grafikprogrammes, vielmehr zeigte sich ein fundamentaler Baustein der Materie in einer nahezu direkten Ansicht.

Mit der Entdeckung der Elektrizität fand man bald auch die kleinsten Ladungsträger, die Elektronen. Dabei wollte man ursprünglich nur die Frage klären, ob es eine elektrische Leitfähigkeit im Vakuum, also im luftleeren Raum gibt. Dazu pumpte 1897 Ferdinand Braun eine Glasröhre annähernd luftleer und legte an die Elektroden an deren Enden eine hohe Spannung an. Und tatsächlich, es floss Strom. Die Frage war nun, wer transportiert die Ladungen? Der britische Physiker J.J.Thomson konnte zeigen, dass die sogenannten Kathodenstrahlen aus negativ geladenen, winzig kleinen Teilchen bestehen. Später hat man diese Teilchenstrahlen verwendet, um die Bildröhren der ersten Fernsehapparate und die Leuchtstoffröhren der Deckenbeleuchtung zu betreiben. Der Name Elektron stammt aus dem Griechischen und bedeutet Bernstein. Die Griechen hatten schon früh erkannt, dass das Harz von Nadelbäumen durch Reibung die geheimnisvolle Fähigkeit entwickelt, leichte Gegenstände, wie zum Beispiel Holundermarkkügelchen anzuziehen. Heute wissen wir, dass die elektrostatische Aufladung der Grund dafür ist.

Am Beginn des 20. Jahrhunderts entdeckte der Neuseeländer Ernest Rutherford den Atomkern. Er ist etwa 100.000 mal kleiner als das Atom und enthält fast die gesamte Masse des Atoms. Der Laie wird sich zu Recht fragen, wie Rutherford einen Atomkern finden konnte, der doch so viel kleiner ist als ein durchschnittliches Atom, von dem man ca. 10 Millionen wie in einer Perlenkette aneinanderreihen müsste, um die Strecke von einem Millimeter, also etwa die Strichbreite des Buchstaben »l« im Wort »Millimeter« zu erreichen.

Die scheinbar unlösbare Aufgabe und ihre Entschlüsselung möchte ich mit einem Gedankenexperiment beschreiben. Stellen Sie sich vor, Sie befinden sich in einem dunklen, fensterlosen Zimmer. Außer Ihnen befindet sich noch ein Gegenstand in diesem Raum, den Sie nun beschreiben sollten. Dabei müssen Größe und Gestalt des Objekts ermittelt werden und, als sei das noch nicht genug der Herausforderung, es sollte auch ergründet werden, wie es im Inneren aufgebaut ist. Wenige Hilfsmittel sollen Ihre scheinbar aussichtslose Situation verbessern. Ihnen stehen Wurfgeschosse unterschiedlicher Größe zur Verfügung. Sie können zwar nicht deren Flugbahn verfolgen, wenn diese aber auf eine der Wände des Zimmers treffen, sollen sie einen Lichtblitz erzeugen. Sie versuchen zunächst mit Tennisbällen nach dem unbekannten Ziel zu werfen. Die Bälle, die am Ziel vorbeigehen, treffen geradlinig auf die gegenüberliegende Wand, während sie bei einem Treffer abgelenkt oder sogar reflektiert werden. Sehr bald werden Sie herausfinden, ob das unbekannte Objekt die Größe eines Elefanten oder einer Maus hat. Aus der Ablenkung können Sie auf die Form schließen, denn eine Kugel ergibt ein anderes Streumuster als ein Würfel. Nehmen wir also an, dass nach unzähligen Versuchen feststeht: Das unbekannte Objekt hat eine Kugelform und einen Durchmesser von etwa 8cm. Jetzt sollte etwas über sein Innenleben in Erfahrung gebracht werden. Dazu müssen zwei Parameter verändert werden. Die Geschosse müssen kleiner und schneller werden, damit sie in das Innere vordringen können. Ihre Wahl fällt auf Bleikugeln, die Sie jetzt mit einer präzisen Abschussvorrichtung abfeuern können, da Sie das Objekt ja bereits genau lokalisiert haben. Sie »scannen« nun das Objekt, indem Sie in einer horizontalen Linie von links nach rechts eine Serie von Schüssen auf den Gegenstand abfeuern. Dabei beobachten Sie etwas höchst Merkwürdiges. Zuerst fliegen die Bleigeschosse fast ungehindert durch den äußeren Bereich des kugelförmigen Gebildes, so als wäre da keine feste Materie vorhanden. Sie schließen daraus, dass die äußere Hülle weich und leicht durchdringbar ist. Je mehr sich die Projektile der Mitte der Kugel nähern, umso häufiger werden sie abgelenkt, als wäre da etwas Hartes, Kompaktes im Inneren, nennen wir es einen Kern. Dieser hat einen Durchmesser von etwa 3 cm, wie Sie durch die Verschiebung der Schusslinie feststellen konnten. Wenn sich diese dem rechten Rand des Objekts nähert, durchdringen die Projektile das Objekt wieder fast ungehindert. Haben Sie schon erraten, worum es sich bei dem Objekt handelt? Zur Erinnerung: Es geht um ein rundes, etwa 8cm großes Gebilde mit weicher Hülle und einem etwa 3cm großen harten Kern – das kann nur ein Pfirsich sein. Sie haben also eben einen Gegenstand erkannt, den Sie nicht gesehen haben und konnten sogar etwas über sein Inneres aussagen.

In einer ganz ähnlichen Situation befand sich Ernest Rutherford 1912, als er mit einer Lupe die Lichtblitze auf einem Leuchtschirm beobachtete, die von sehr kleinen, radioaktiven Partikeln, sogenannten Alphateilchen hervorgerufen wurden. Heute wissen wir, dass es sich dabei um die positiv geladenen Kerne von Heliumatomen handelt, die von einem erst kurz vorher durch Marie Curie entdeckten Element mit dem Namen Radium, »das Strahlende«, ausgesandt werden. Das Ziel bestand aus einer extrem dünnen, durchscheinenden Goldfolie, die aus etwa zweitausend Atomlagen zusammengesetzt war, und von einem Leuchtschirm fast zur Gänze umschlossen wurde. Das völlig unerwartete Ergebnis dieses wohl berühmtesten Experiments der Atomphysik, dem »Rutherford'schen Streuversuch«, war: Der allergrößte Teil der Alphateilchen durchdrang die Wand aus Goldatomen fast ungehindert, nur etwa jedes 10.000ste Teilchen wurde abgelenkt oder reflektiert. Aus dieser Beobachtung zog Rutherford den Schluss, dass das Atom fast leer ist. In seinem Zentrum befindet sich ein winzig kleiner, positiv geladener Kern, der die ebenfalls positiv geladenen Alphateilchen ablenkt oder reflektiert. Diese Erkenntnisse prägen auch noch heute, hundert Jahre später, unsere Vorstellung von den Atomen.

Zur Veranschaulichung der Dimensionen – ein paar Vergleiche: Wäre der Atomkern so groß wie eine Glasmurmel mit einem Zentimeter Durchmesser, so hätte das dazugehörige Atom einen Durchmesser von einem Kilometer und wäre praktisch leer. Rennt man also gegen eine Wand, so trifft man eigentlich auf fast nichts, außer leerem Raum. Die Beule am Kopf spricht allerdings eine andere Sprache. Es sind die Kräfte zwischen den Teilchen, die sie verursachen. Könnte man die Atome eines großen Gebäudes, wie etwa das Empire State Building, so weit verdichten, dass die Leerräume in den Atomen überbrückt und diese auf die Größe ihrer Kerne reduziert werden, so würde der Wolkenkratzer auf die Größe eines Stecknadelkopf verkleinert. Die Massendichte im Kern ist riesig, etwa eine Million Tonnen pro Kubikzentimeter. Tatsächlich gibt es im Kosmos Materie dieser ungeheuren Dichte. Die Neutronensterne stellen das Endstadium eines Sterns dar, dessen nukleares Feuer erloschen ist. Noch dichtere Materie besitzen die geheimnisvollen »Schwarzen Löcher«, die im Zentrum einer Galaxie, also auch unserer Milchstraße, vermutet werden. Sie sind bis heute voller Rätsel. Ihre Gravitation ist so stark, dass sie Materie aus ihrer Umgebung regelrecht verschlingen, selbst Licht kann ihnen nicht entkommen, was Anlass für ihren Namen gab.

Im Februar 2016 berichteten Astronomen erstmals über die erfolgreiche direkte Messung von Gravitationswellen, die bei der Kollision zweier schwarzer Löcher erzeugt worden waren. Schon 100 Jahre vorher hatte Albert Einstein deren Existenz vorausgesagt.

Rutherfords Schüler, der Däne Niels Bohr, war eine faszinierende Persönlichkeit. Neben seiner wissenschaftlichen Tätigkeit fand er Zeit für eine sportliche Karriere und brillierte als Torhüter der dänischen Fußballnationalmannschaft. Er war das Zentrum eines Kreises der besten Wissenschaftler seiner Zeit, die sich regelmäßig in seinem Ferienhaus nahe Kopenhagen trafen. An dessen Tür prangte ein Hufeisen als Glückssymbol. Als Studenten ihn fragten, ob er an diesen Humbug glaube, antwortete er: »Natürlich nicht, aber ernstzunehmende Persönlichkeiten haben mir versichert, es wirkt auch dann, wenn man nicht daran glaubt.«

Bohr fand heraus, dass sich die Elektronen auf bestimmten Bahnen um den Kern bewegen, die sich auf einer (gedachten) Elektronenschale befinden. Es war und ist ein Rätsel, warum nur ganz bestimmte Bahnen erlaubt, die Räume dazwischen aber offensichtlich tabu sind. Selbst wenn man die Elektronen durch Anregung, etwa durch Wärme, dazu bringt, die Bahn zu wechseln, steuern sie immer nur »erlaubte Bahnen« an. Beim Zurückfallen geben sie Licht bestimmter Wellenlänge ab. Wir kennen den Effekt von den prächtigen Farben eines Silvesterfeuerwerks. Diese und andere Beobachtungen führten in der Folge zur sogenannten Quantentheorie, die eine völlig neue Sicht auf die Materie eröffnet. Im Jahre 1922 erhielt Niels Bohr den Nobelpreis für Physik. Im gleichen Jahr erblickte sein Sohn Aage Niels das Licht der Welt, der in die Fußstapfen seines Vaters trat. Er erhielt 1975 den Nobelpreis für Physik. Die außergewöhnlichste Serie von Nobelpreisen erhielt übrigens bislang die Familie Marie und Pierre Curie. Das Ehepaar bekam 1903 gemeinsam den Physik-Preis für ihre Untersuchungen zur Radioaktivität. Acht Jahre später wurde Marie Curie für die Entdeckung des Radiums zusätzlich mit dem Chemie-Nobelpreis ausgezeichnet. Tochter Irene und deren Mann Frederick Joliot erhielten den Preis zusammen 1935.

Es scheint so, als würde es hinter der mit unseren Sinnen wahrnehmbaren Realität eine zweite, grundlegendere Existenzform geben. Schon der große Philosoph Platon hat in seinem Höhlengleichnis diesen Gedanken angedeutet. Er hat die menschliche Wahrnehmung der Realität verglichen mit den Schatten, den die Dinge an eine Höhlenwand werfen, wenn sie vom Licht eines Feuers angestrahlt werden. Wir sehen nur diese Schatten, die Realität dahinter bleibt uns verborgen. Platon meinte, wir könnten den direkten Anblick gar nicht ertragen und würden von deren hellem Schein geblendet.

Zwei Jahrtausende später hat der deutsche Philosoph Immanuel Kant vom »Ding an sich« gesprochen, zu dem kein Mensch direkten Zugang hat, dem »eigentlich Seienden«, wie es später auch bezeichnet wurde. Von ihm bekommen wir nur Kenntnis durch die Signale, die von ihm ausgehen. Aus deren Auswertung konstruieren wir dann ein Modell, das zu einem Bild in unserem Kopf wird. Kant schreibt: »Wenn die Anschauung sich nach der

Beschaffenheit der Gegenstände richten müsste, so sehe ich nicht ein, wie man a priori von ihr etwas wissen könne; richtet sich aber der Gegenstand (als Objekt der Sinne) nach der Beschaffenheit unseres Anschauungsvermögens, so kann ich mir diese Möglichkeit sehr wohl vorstellen.« Diese radikale Neuausrichtung der Erkenntnistheorie ist zu vergleichen mit der Umwälzung des Weltbildes durch den Astronomen Nikolaus Kopernikus, der nicht die Erde, sondern die Sonne in den Mittelpunkt des Sonnensystems stellte.

Die klassische Vorstellung, dass Atome kleine Materiekügelchen sind, die in ihrer Vielzahl schließlich ein konkretes Objekt bilden, ist nach den Vorstellungen der Quantenphysik nicht länger haltbar. Zu Beginn des 20. Jahrhunderts erschütterte der Physiker und Naturliebhaber Werner Heisenberg die Grundfesten der Physik mit der Behauptung, dass es grundsätzlich unmöglich sei, alle physikalischen Prozesse beliebig genau berechnen zu können. Vielmehr bedeute jede Messung eine Störung des Vorgangs, deren Auswirkung nicht kalkulierbar ist. Das führt zu einer Messungenauigkeit, die man als die »Heisenberg'sche Unschärfe« kennt.

Der Effekt hat kaum einen Einfluss auf unseren makroskopischen Alltag, je kleiner aber die betrachteten Objekte sind, umso bedeutender wird er. Ein einfaches Beispiel kann dies illustrieren.

Es ist sicher schon vielen von uns passiert, dass sie in eine Radarfalle getappt sind. Nun könnte jemand gegenüber dem amtshandelnden Polizisten folgendermaßen argumentieren: »Herr Inspektor, die Photonen (Lichtteilchen) ihrer Radarpistole haben mein Auto getroffen und dabei dessen Geschwindigkeit in nicht nachvollziehbarer Weise verändert. Die gemessene Geschwindigkeit stimmt also nicht mit der Realität überein.« Der naturwissenschaftlich gebildete Beamte würde dann vielleicht folgendermaßen antworten. »Ich weiß, Sie meinen die Unschärferelation von Heisenberg. Allerdings ist die Wirkung des praktisch masselosen

Photons auf die Geschwindigkeit Ihres Fahrzeugs vernachlässigbar klein, und wenn man eine solche annimmt, dann würde sie diese allenfalls verringern, Sie waren also in Wirklichkeit noch schneller unterwegs und das verteuert Ihr Strafmandat.«

Bei sehr kleinen Objekten wie Atomen oder Elektronen, kann die Unschärfe aber schon in der Größenordnung des Messwertes liegen.

Diese Annahme einer immanenten Unschärfe, die nicht an einer apparativen oder messtechnischen Unzulänglichkeit liegt, hatte weitreichende Auswirkungen. In der Philosophie bedeutete sie das Ende des Determinismus, also der Vorstellung, dass alles grundsätzlich berechenbar und vorhersagbar sei, sofern alle physikalischen Daten bekannt sind und genügend Rechenkapazitäten zur Verfügung stehen. Isaac Newton hatte die Grundlagen zu diesem Weltbild geschaffen. Die Berechenbarkeit der Bewegung der Gestirne, aber auch die exakte Vorhersage von mechanischen Bewegungsabläufen im Alltag überzeugten die Menschen seiner Zeit. Newton war schon zu Lebzeiten ein Star, ähnlich wie Albert Einstein drei Jahrhunderte später.

Ein Ereignis ist nach der Vorstellung der klassischen Physik ebenso vorhersagbar wie unvermeidbar. Diese Vorstellung hätte den Menschen auch in einem gewissen Ausmaß seiner Verantwortung entbunden, da ja auch sein Handeln determiniert, also vorbestimmt wäre. Heute gibt es wieder ähnliche Tendenzen, in denen menschliches Verhalten zu einem großen Teil seiner genetischen Disposition zugeschrieben wird. Manche Wissenschaftler glauben gar, ein »Verbrechergen« entdeckt zu haben, das für seinen Träger schicksalsbestimmend sein soll.

Heisenberg hat an die Stelle der absoluten Gewissheit und Genauigkeit den Begriff der Wahrscheinlichkeit gesetzt. Statt exakter Vorhersagen werden in der modernen Physik statistische Größen verwendet, die den Eintritt eines Ereignisses mit einer abschätzbaren Wahrscheinlichkeit angeben. Je weiter man in den atomaren und subatomaren Bereich vordringt, umso größer wird die Unschärfe und die Bedeutung des Zufalls nimmt zu. So kann auch der Aufenthaltsort des Elektrons in einem Atom nicht mit beliebiger Genauigkeit angegeben werden. Vielmehr definiert man heute Wahrscheinlichkeitsbereiche, in denen dieses Elementarteilchen mit einer gewissen, berechenbaren Wahrscheinlichkeit anzutreffen ist. Ein Atom ist daher auch keine kompakte Kugel mit einer festen Außengrenze, sondern entspricht vielmehr einer diffusen Ladungswolke, die ein Dichtemaximum dort aufweist, wo Bohr die erlaubten Bahnen berechnet hat.

Bohr pflegte eine enge Freundschaft mit Werner Heisenberg. Diese für die Wissenschaft äußerst fruchtbare Verbindung zerbrach aufgrund der politischen Entwicklungen vor dem zweiten Weltkrieg. Bohr wirkte auf US-amerikanischer Seite am Bau der Atombombe mit, Heisenberg dagegen wurde für das Nuklearprogramm der Nazis tätig.

Während Niels Bohr die neuen Theorien schnell übernahm, konnte sich Albert Einstein zeitlebens nie damit anfreunden. Auf seinen legendären Ausspruch »Gott würfelt nicht!« entgegnete ihm Bohr: »Hören Sie endlich auf, Gott Vorschriften zu machen!«

In der Geschichte der Naturwissenschaften hat sich immer wieder gezeigt, dass scheinbar unumstößlich gültige Naturgesetze durch neue Experimente widerlegt wurden und neue Theorien die alten Vorstellungen ersetzten.

Die Antworten der modernen Naturwissenschaft sind nicht weniger faszinierend als die uralten Mythen der religiösen Schriften. Die zurzeit fortschrittlichste Theorie zum Aufbau der Materie ist die Quantenphysik. Sie wurde entwickelt, um das Phänomen Licht zu beschreiben. Bis heute ist es nicht gelungen, eine einheitliche Theorie dieses Alltagsphänomens zu entwickeln. Unser begrenztes Vorstellungsvermögen kann Licht einmal als Teilchen, dann aber auch als Welle erkennen. Gleiches gilt für die Elektronen, die wichtigsten Träger der Eigenschaften eines Stoffs. Bohr spricht von Komplementarität und meint damit in der Tradition von Kants Erkenntnistheorie, dass wir immer nur einen Teil der Realität erkennen können. Das Wellenmodell und das Korpuskelmodell des Lichts sind also zwei sich ergänzende Aspekte des Phänomens, während die ganze Wahrheit im Verborgenen bleibt.

Seit Einstein ist bekannt, dass Energie und Masse in einem untrennbaren Zusammenhang stehen und direkt ineinander umgewandelt werden können. Die Atombombe von Hiroshima ist der traurige Beweis dafür, dass die im Atomkern gespeicherte Bindungsenergie auf Kosten der Gesamtmasse in zerstörerischer Weise freigesetzt werden kann. Auch die friedliche Nutzung der Kernkraft scheint unter Berücksichtigung aller Nebeneffekte, wie der Jahrtausende anhaltenden Radioaktivität und der enormen Kosten der Entsorgung und Lagerung der verstrahlten Materie, eine Sackgasse der Energiewirtschaft zu sein.

Mit Einstein und seiner Relativitätstheorie kam auch die Bedeutung des Beobachters und damit des Menschen in die Naturwissenschaft, die bereits Kant in seiner Erkenntnistheorie gefordert hatte. Der russisch-belgische Chemienobelpreisträger und Philosoph Prigogine hat es so formuliert: »Die Natur kommuniziert nur mit jemandem, der sich als Teil des von ihm beobachteten Bereichs identifiziert.« Die Relativität von Zeit und Gleichzeitigkeit gilt nur in diesem Bezugsrahmen oder anders ausgedrückt, die Naturgesetze gelten nur in der Wechselwirkung von Natur und Beobachter. Die Realität ist also das, was der Beobachter als solche wahrnimmt. Was unter Newton noch als objektive Wahrheit galt, hat jetzt einen subjektiven Aspekt, eine humane Komponente erhalten. Das allein zeigt schon die innige Verbindung von Mensch und Natur, die von der Physik über Jahrhunderte hinweg missachtet wurde. Während die Naturwissenschaft diese Tatsache inzwischen uneingeschränkt akzeptiert, ist sie im Alltag der Menschen noch nicht überall angekommen.

Die Quantenphysik ist eine relativ neue Betrachtungsweise der materiellen Welt. Ursprünglich als mathematische Methode zur Beschreibung des Welle-Teilchen-Dualismus des Lichts konzipiert, hat sie sich zu einer eigenständigen und höchst erfolgreichen Theorie entwickelt, die eine Brücke zwischen dem sinnlich Wahrnehmbaren, Messbaren und seinen Ursachen in den Quantenzuständen bildet. Diese tragen alle möglichen Entwicklungspotenziale in sich. Erst durch die Messung, die Beobachtung, wird ein ganz bestimmter Zustand ausgewählt, der sich dann für uns als Realität darstellt. Die Quantenphysik beruht im Wesentlichen auf der mathematischen Beschreibung von Materiezuständen. Die Gleichungen sind jedoch nicht mehr als das Gerüst für jene komplexen Gedankengänge, die mit Worten nur sehr unzureichend erfasst werden können.

Richard Feynman, Nobelpreisträger und einer der renommiertesten Vertreter der Quantenmechanik hat in einem Interview gemeint: »Es gab eine Zeit, als Zeitungen behaupteten, nur zwölf Menschen verstünden die Relativitätstheorie. Ich glaube nicht, dass es jemals eine solche Zeit gab. Auf der anderen Seite glaube ich, sicher sagen zu können, dass niemand die Quantenmechanik versteht.«

Vielleicht ist der rationale Zugang zu den letzten Geheimnissen der Natur eine Sackgasse. Dinge, die sich dem Verstand nur unzureichend erschließen, können oft besser emotional erfasst werden. Die Liebe zur Natur ist in erster Linie ein Bauchgefühl. Der deutsche Naturforscher Alexander von Humboldt hat es in einem Brief an Goethe im Jahre 1810 so ausgedrückt: »Die Natur muss gefühlt werden, wer sie nur sieht und abstrahiert, kann Pflanzen und Tiere zergliedern, er wird die Natur zu beschreiben wissen, ihr aber selbst ewig fremd sein.«

Zweifellos hat uns die Naturwissenschaft einen neuen Blick auf die Natur eröffnet und der Schritt von der Physik zur Metaphy-

sik ist kleiner geworden. Vielleicht ist man aber auch in Momenten der absoluten Naturverbundenheit und des Gefühls der Einheit mit der kosmischen Ordnung näher an der Wahrheit als es die Naturwissenschaft je sein kann.

Vom Werden und Vergehen

Nicht das Sein ist der natürliche Zustand der Dinge, sondern das Werden. Über längere Zeiträume betrachtet, gibt es keine statische Existenz. Die Natur ist von einer allumfassenden Dynamik bestimmt. Selbst Gesteine, die wir als stabil und unveränderlich wahrnehmen, haben im Lauf von Jahrmillionen viele Umwandlungsprozesse erfahren. Auch ihr jetziges Erscheinungsbild wird nicht von Dauer sein.

Der Kreislauf der Gesteine ist von ständiger Veränderung geprägt. Viele haben ihren Ursprung in vulkanischer Aktivität. Es gibt kaum etwas Faszinierenderes, als einen aktiven Vulkan zu beobachten. In seiner Nähe hat man das Gefühl, Zeuge der Entstehung unseres Planeten zu sein. Besonders eindrucksvoll habe ich das auf der Insel Stromboli, im Süden Italiens, erlebt. Dort kann man vom Gipfelplateau des gleichnamigen Vulkans, wie in einem Amphitheater, auf die fünf Krater hinunter und teilweise in diese hineinblicken. Jeder Krater hat seine unverkennbare Charakteristik, die sich in unterschiedlichen Lavaformen ausdrückt. Während aus dem einen Schlot feine, rötliche Strahlen wie bei einem Feuerwerk in die Luft geschleudert werden, wirft der andere fladenartige Lavakissen aus. Auch das Spektrum der von ihnen ausgehenden Geräusche reicht von einem hohen Pfeifton bis zu einem dumpfen Fauchen und Grollen. Der Zeuge dieser elementaren Vorgänge wird von Staunen und Ehrfurcht ergriffen.

Ein besonderes Erlebnis ist der nächtliche Anstieg über die steilen Berghänge und der Anblick des feuerspeienden Hauptkraters, aus dem rotglühende Gesteinsbrocken über die Sciara del Fuoco, die Rinne des Feuers, ins Mittelmeer stürzen. Kreuzfahrtschiffe halten in sicherer Entfernung, um ihren Gästen dieses großartige Naturschauspiel zu präsentieren.

Der Stromboli gehört zu den aktivsten Vulkanen der Welt. Wenn nur zwei Stunden lang keine Eruption stattfindet, besteht Lebensgefahr. Der Druck im Inneren der Magmakammer kann sich dann in einem ungewöhnlich starken Ausbruch entladen. Besucher sind angehalten, sich in Sicherheit zu bringen. Man hat aus Steinschlichtungen bestehende Schutzwälle gebaut, die als Deckung dienen können.

Das von Vulkanen an die Oberfläche transportierte flüssige Magma aus dem Erdinneren erkaltet als Lava an der Oberfläche und ist fortan der Wirkung der Elemente ausgesetzt. Wind und Wetter setzen dem jungfräulichen Gestein zu und selbst der härteste Fels kann deren Kraft nicht auf Dauer widerstehen. Im Süden von Island, nahe dem berühmten schwarzen Strand von Vik, ragen bizarre Felsnadeln aus dem Meer. Sie sind die Reste einst großer Vulkane, deren Flanken längst von der mächtigen Brandung abgetragen wurden, während der extrem harte Basalt ihr bis heute standhalten konnte. In einer Höhle an der Küste haben sich regelmäßige, meterhohe Basaltsäulen gebildet, die wie Orgelpfeifen senkrecht in die Höhe ragen. Sie entstehen, wenn Lavaseen langsam erkalten und bei schrumpfendem Volumen Risse bilden, wie sie in einer schlammigen Pfütze zurückbleiben, wenn das Wasser verdunstet.

Das durch die Erosion abgetragene Gestein wird durch die Schwerkraft, aber vor allem durch Flüsse abtransportiert. Am Ausmaß der Rundung kann man den Weg abschätzen, den ein Stein hinter sich hat. Auch das Mahlwerk der ununterbrochenen Meeresbrandung trägt zur Fragmentierung der Gesteine bei. Der Sand an vielen Meeresküsten gibt Zeugnis davon. Die weißen Traumstrände entstehen aus Korallenstöcken, die das Werk von kalkbildenden Organismen sind.

Gelangt der Abtrag in tiefer gelegene Meeresbecken, so kann er zu hunderte Meter dicken Schichten anwachsen. Durch den Einfluss der eigenen Schwerkraft, aber auch durch tektonische Aktivitäten können die Sedimente zu Gestein verdichtet und durch Verschiebungen der Erdkruste in große Tiefen verfrachtet werden. Dabei steigt die Temperatur mit jedem Kilometer um etwa dreißig Grad. Ursache dafür ist die zunehmende Nähe zum immer noch flüssigen Erdinneren, das nach dem Millionen Jahre andauernden Hagel von Meteoriten und der damit verbundenen Erwärmung noch immer nicht vollständig erkaltet ist und zusätzlich durch radioaktive Prozesse im Erdkern aufgeheizt wird. Es wird dabei ganz oder teilweise aufgeschmolzen und so entstehen neue, kompakte Gesteine, sogenannte Metamorphite, Umwandlungsgesteine. Unterschiedliche Druck- und Temperaturverhältnisse tragen zur Vielfalt der Gesteinsarten bei. So stammen die wunderschönen oktaedrischen Granate aus großer Tiefe und sind das Ergebnis hoher Temperaturen und Drücke. Noch dramatischer sind die Bedingungen bei der Bildung von Diamanten, die aus einer Tiefe zwischen 300 und 800 Kilometern stammen. Sie bestehen aus hochreinem Kohlenstoff und sind zwar extrem hart, aber bei weitem nicht so stabil, wie die Werbung uns glauben machen möchte. Wie Kohlenstoff in seiner amorphen Erscheinung als Kohle sind auch Diamanten brennbar – von wegen »diamonds are forever«. Der geniale französische Chemiker Antoine Laurent Lavoisier hat das in einem sehr eindrucksvollen Experiment bewiesen. Mit einem überdimensionalen Brennglas fokussierte er die Strahlen der Sonne auf einen kleinen Diamanten, worauf dieser in Flammen aufging. Lavoisier hat aber auch weit wichtigere Entdeckungen gemacht. So verdanken wir ihm die Erklärung für den allgegenwärtigen Prozess der Oxidation, den er als eine Verbindung der Stoffe mit Sauerstoff interpretierte. Die Franzosen haben ihm seine wissenschaftlichen Leistungen nicht gedankt, er fand ein unrühmliches Ende unter der Guillotine der Französischen Revolution. Man hatte ihm vorgeworfen, sich auf Kosten des Staates bereichert zu haben.

Sein Freund, der italienische Mathematiker und Astronom Joseph-Louis Lagrange, stellte einen Tag nach der Hinrichtung verbittert fest: »Sie brauchten nur einen Moment, um diesen Kopf abzuschlagen, aber hundert Jahre genügen vielleicht nicht, einen ähnlichen hervorzubringen.« Er sollte Recht behalten, Frankreich hat seither keinen so berühmten Chemiker hervorgebracht.

Der von Lavoisier erstmalig beschriebene Prozess der Oxidation bestimmt das Schicksal unseres Planeten und seiner Bewohner seit fast drei Milliarden Jahren. Damals »erfanden« primitive Cyanobakterien die Photosynthese, die gewissermaßen als Abfallprodukt Sauerstoff liefert, ein Element, das in der Uratmosphäre allenfalls in Spuren vorkam. Sein Auftreten sollte das Bild der Erde ein für allemal verändern. Das Leben war zu diesem Zeitpunkt schon etwa fünfhundert Millionen Jahre alt und beruhte auf anaeroben Prozessen, also einem Energiegewinnungsprozess, der ohne Sauerstoff auskommt. Vermutlich entstand es in der Tiefsee im Umfeld der sogenannten Schwarzen Raucher, von vulkanischer Energie gespeisten hydrothermalen Quellen. Der im heißen Wasser gelöste Schwefel könnte die Energiequelle für die ersten Lebensformen gewesen sein und bis heute finden sich einige Arten von Archaeen, auch Archaebakterien genannte Urformen des Lebens, in den gar nicht so lebensfeindlichen Tiefen der Meere. Für viele Lebewesen war der plötzlich auftretende Sauerstoff ein tödliches Gift und sie verschwanden für immer. Für die Evolution des Lebens insgesamt aber war das Ereignis ein ungeheurer Impuls, der in der Geologie als »The Great Oxygen Event« bekannt ist. Wäre das Leben in der anaeroben Phase stecken geblieben, wäre es wohl kaum über das Einzellerstadium hinausgekommen. Die durch den Sauerstoff ermöglichte Oxidation liefert ein Vielfaches an Energie und konnte so auch die

Existenz von höheren Lebewesen ermöglichen. Allerdings sollte es noch fast zwei Milliarden Jahre dauern, bis der Sauerstoff in die Atmosphäre gelangt und ein Leben an Land möglich machte. Der Grund dafür war der hohe Anteil von im Wasser gelöstem Eisen, das in seiner reduzierten, sauerstofffreien Form die Meere grün färbte. Das Eisen fixierte den eben erst gebildeten Sauerstoff und lagerte sich als rostfarbenes Eisenoxid am Meeresgrund ab. Aus dieser Zeit stammt der allergrößte Teil jener Eisenerze, die heute zur Gewinnung unseres wichtigsten Gebrauchsmetalls herangezogen werden. Erst als alles Eisen an Sauerstoff gebunden war, konnte dieser als freies Gas das Wasser verlassen und in die Atmosphäre gelangen. Die Erdoberfläche war damals einem lebensfeindlichen Bombardement von kosmischer Strahlung ausgesetzt, die ihren Ursprung in der Sonne und den Weiten des Weltalls hatte. Sauerstoff und das aus ihm gebildete Ozon bildeten zusammen mit dem Magnetfeld der Erde ein Schutzschild gegen diese tödliche Gefahr und ermöglichten es so, dass Pflanzen und Tiere auch festes Land erobern konnten. Es folgte eine wahre Explosion des Lebens. Auch im Meer entstanden viele neue Lebensformen, die in der Lage waren, das im Wasser gelöste Kohlendioxid in Form von Kalk abzuscheiden und so Skelette zu bauen, die Muschelschalen oder riesige Korallenriffe entstehen ließen. Sie waren das Baumaterial für die großen Kalkgebirgszüge. Ihre schroffen und oft bizarren Formen sind das Ergebnis der Verwitterung durch die im Regenwasser enthaltene Kohlensäure, die aus dem von den Regentropfen aufgenommenen CO_2 entsteht. In den Dolomiten kann man oft sehr gut erhaltene fossile Reste von Korallenstöcken finden.

Tatsächlich ist nichts Gesteinsartiges von unbegrenzter Lebensdauer. Treten die metamorphen Gesteine wieder an die Oberfläche, so beginnt das Spiel von Erosion und Neubildung von Neuem. Das geschulte Auge des Geologen kann diesen Weg oft über Millionen von Jahren zurückverfolgen.

Aber auch die Oberfläche unseres Planeten ist alles andere als unveränderlich. Als Alfred Wegener am Beginn des 20. Jahrhunderts die Kontinentalverschiebung und somit die Grundlage für das heutige Modell der Plattentektonik entdeckte, wurde er in der Fachwelt angefeindet, weil er nicht erklären konnte, welche Kräfte dabei wirksam sind. Er konterte die Vorwürfe: »Mit der gleichen Logik kann man auch die Existenz des Universums in Zweifel ziehen, dessen Ursache auch niemand beweisen kann.«

Leider hat Wegener den Siegeszug seiner Theorie nicht mehr erlebt. Er teilt damit das Schicksal vieler Forscher, die ihrer Zeit zu weit voraus waren.

In Island kann man diese Kräfte aus dem Erdinneren hautnah erleben. In Thingvellier sieht man, wie die Felsen regelrecht auseinandergerissen wurden, weil sich die amerikanische und die eurasische Platte mit einer Geschwindigkeit von zwei Zentimetern pro Jahr auseinanderbewegen. An diesem magischen Ort haben die Wikinger schon vor Hunderten Jahren ihre Versammlungen und Gerichte abgehalten. Für mich war es ein besonderes Erlebnis, in einer engen Felsspalte mit der einen Hand Amerika und mit der anderen Europa zu berühren.

Heute wissen wir, dass der Urkontinent Pangäa vor 300 Millionen Jahren alle Landmassen in sich vereinte. Als er dann vor etwa 150 bis 200 Millionen Jahren auseinanderbrach, folgte das größte Massenaussterben der Erdgeschichte, dem etwa 75 Prozent der Landlebewesen und 95 Prozent der marinen Fauna zum Opfer fielen. Seither haben mehrere Katastrophen das Leben fast von unserem Planeten getilgt. Meist waren vulkanische Aktivitäten oder Meteoriteneinschläge die Ursache, doch jetzt hat das sechste Massenaussterben begonnen und es hat eine ganz andere Ursache – uns Menschen. Man spricht vom anthropogenen Massenaussterben und es ist bereits voll im Gange. Hauptursache ist die Zerstörung von Lebensräumen durch Besiedelung, Ausbreitung der industrialisierten Landwirtschaft und durch den Massentourismus. Das Artensterben ist nicht mehr zu übersehen, es betrifft viele Tier- und Pflanzenarten, vor allem Reptilien und Insekten.

Auch unser Sonnensystem ist nicht von unbegrenzter Dauer. Sein Anfang liegt schon fast fünf Milliarden Jahre zurück, als sich eine riesige Wolke aus Gas und Staub, den Resten einer früheren Sternenexplosion, einer sogenannten Supernova, durch die Schwerkraft immer mehr verdichtete. Druck und Temperatur im Inneren stiegen an, bis schließlich jenes nukleare Feuer gezündet wurde, das die Geburtsstätte der meisten Elemente ist, aus denen das Universum besteht. Durch Kernfusion entstehen aus dem Ur-Element Wasserstoff, das schon beim Urknall entstand, immer schwerere Elemente – auch Kohlenstoff, das Element des Lebens, das die Basis für unsere Existenz bildet. Es ist schon eine merkwürdige Vorstellung, dass praktisch alle Elemente, aus denen unser Körper besteht, einmal im Inneren eines Sterns entstanden sind und erst nach dessen Explosion in die Weiten des Weltalls geschleudert wurden, um ein neues Sonnensystem samt den zugehörigen Planeten zu formen und schließlich Leben hervorzubringen.

Selbst unser Universum besitzt einen Anfang und ein Ende. Nach den Theorien der Astrophysik sind beim Urknall vor 13,8 Milliarden Jahren Raum, Zeit und Materie entstanden. Alles vorher ist reine Spekulation oder Religion. Nach ca. 300.000 bis 400.000 Jahren haben sich die Elementarteilchen zu ersten stabilen Atomen zusammengefügt. Aus diesen sind schließlich die ersten Moleküle entstanden. Jetzt begann sich die Chemie mit ihren unzähligen verschiedenen Stoffen und Reaktionen zu entfalten, die zu immer komplexeren Verbindungen führte.

Etwa 180 Millionen Jahre lang war das Universum dunkel, bevor die ersten Sterne entstanden. Weitere 300 Millionen Jahre später entstanden die ersten Galaxien. Wie dünn diese damals gesät waren, zeigt ein Blick durch das Hubble-Teleskop auf die Zeit ungefähr 500 Millionen Jahre nach dem Urknall.

Das Ende des uns bekannten Universums ist vorprogrammiert, wenn man den Prognosen der Physiker Glauben schenken kann. In etwa 10^{14} Jahren werden die Sterne ausgebrannt sein und es wird wieder dunkel im Weltall. Wie die weitere Entwicklung aussehen könnte, darüber sind sich die Wissenschaftler noch nicht einig. Ein Szenario geht davon aus, dass die explosionsartige Ausdehnung, die mit dem Urknall begann, sich unverändert fortsetzen wird, die Sterne sich also immer weiter voneinander entfernen. Die zweite Möglichkeit ist, dass diese Ausdehnung irgendwann zum Stillstand kommt und das Universum sich unter dem Einfluss der Schwerkraft wieder zusammenzieht, bis es schließlich wieder zu einem Urknall kommt und vielleicht ein neues Universum entsteht. Welche der beiden Möglichkeiten schließlich eintritt, hängt von der Gesamtmasse des Universums und der durch sie hervorgerufenen Gravitation ab. Die sogenannte Hubble-Konstante, eine Art kosmische Gravitationskonstante, entscheidet über das Schicksal unseres Universums. Ihre Bestimmung ist mit großer Unsicherheit behaftet, da die Rolle der Dunklen Materie und der Dunklen Energie noch völlig unklar ist. Astrophysiker vermuten das Ende unseres Universums in einer unvorstellbar fernen Zukunft von 10^{80} bis 10^{90} Jahren, also einer Zahl mit 80 bis 90 Nullen.

Betrachtet man die Entstehung und Veränderung unseres Planeten, so kann man eine zielgerichtete Entwicklung hin zur Entstehung des Lebens nicht leugnen. Die Bühne dafür wurde schon zu einem sehr frühen Zeitpunkt vorbereitet. Für die Entstehung von Leben muss der Planet in einer habitablen Zone liegen, das heißt, er darf nicht zu nahe an seinem Mutterstern, wie unserer Sonne, liegen, aber auch nicht zu weit davon entfernt sein. Die Temperatur an seiner Oberfläche muss die Existenz von flüssigem Wasser zulassen.

Die Rolle des Wassers als lebensspendendes Medium in den Weltmeeren wurde auch durch ein weiteres kosmisches Ereignis nachhaltig geprägt. Eine Milliarde Jahre nach seiner Entstehung wäre beinahe schon das Ende unseres Planeten besiegelt gewesen. Die Frontalkollision mit dem Protoplaneten Theia von der Größe unseres Nachbarplaneten Mars hätte die Erde wahrscheinlich für immer zerstört. Glücklicherweise streifte dieser nur die Erdkruste. Die abgesprengten Bruchstücke sammelten sich in einer Umlaufbahn und bildeten in der Folge den Mond. Sein Einfluss auf die Entstehung und Entwicklung des Lebens darf nicht unterschätzt werden. Einerseits stabilisiert er die Erdachse und damit auch das Klima. Seine Schwerkraft bremst die Rotationsgeschwindigkeit der Erde und sorgt so für den Tag-Nacht-Rhythmus. Schließlich sorgen die Gezeiten für eine Durchmischung der Wasserschichten und fördern jene chemischen Prozesse, die für deren Regeneration verantwortlich sind.

Die Größe und damit die Schwerkraft eines Planeten muss bestimmten Kriterien entsprechen, damit dieser in der Lage ist, eine Atmosphäre dauerhaft halten zu können, die eine Grundvoraussetzung für sauerstoffatmende Landlebewesen ist. Vor allem aber ist die Verfügbarkeit von Wasser und der für das Leben essenziellen Elemente auf der Erdoberfläche erforderlich. Als diese durch das ständige Bombardement mit Meteoriten noch flüssig war, sind die schweren Elemente wie etwa Eisen in Richtung des Erdmittelpunkts gewandert. Der Eisenkern mit einem Durchmesser von fast 7000 Kilometer bildet die Grundlage für das Magnetfeld der Erde, das wiederum einen wirksamen Schutzschild gegen die tödliche kosmische Strahlung formt. Erst als die Oberfläche erkaltete und die Meteoriten nicht mehr in der Tiefe versanken, war das lebenswichtige Element bioverfügbar und dient bei den meisten Lebewesen als zentraler Bestandteil im Hämoglobin der roten Blutkörperchen für den Sauerstofftransport. Die Natur versucht aber auch, verschiedene Lösungen für eine bestimmte Aufgabe, wie etwa den Sauerstofftransport, zu finden. So ist das Blut von Spinnen und Krustentieren grün gefärbt, da anstelle von Eisen Kupfer als zentrales Atom für die Sauerstoffbindung verwendet wird.

Das erstaunlichste Element und die Basis des Lebens aber ist der Kohlenstoff. Seine Einzigartigkeit besteht in der Fähigkeit, mit sich selbst fast unbegrenzt lange Ketten zu bilden und sich dabei nach allen Richtungen zu verzweigen. So können schon zwanzig Kohlenstoffatome mehr als 360.000 verschiedene Anordnungen und somit die gleiche Anzahl verschiedener Moleküle bilden. Die Vielfalt des Lebens ist also ganz wesentlich den besonderen Eigenschaften dieses Elements zuzuschreiben.

Wie schließlich aus unbelebter Materie Leben entstehen konnte, ist bis heute ungeklärt. Dass schon die junge Erde organische Stoffe auf der Basis von Kohlenstoffverbindungen enthielt, hat die Wissenschaft inzwischen hinreichend bewiesen. Wie aber aus relativ einfachen Bausteinen jene komplexen Moleküle entstehen konnten, die nicht nur in der Lage sind, Informationen zu speichern und weiterzugeben, sondern auch, sich selbst zu vervielfältigen, ist nach wie vor eines der größten Rätsel. Viele Wissenschaftler nehmen an, dass die Entwicklung das Ergebnis stochastischer Prozesse ist, d.h. der Zufall hier Regie führte. Tatsächlich finden chemische Umsetzungen nur dann statt, wenn Teilchen kollidieren. Meist führen diese Zusammenstöße zu keinem konstruktiven Ergebnis. Es gibt statistisch aber auch eine gewisse Anzahl von »erfolgreichen« Zusammenstößen, die zu stabilen Molekülen führen und damit Ausgangspunkt für weitere Synthesen sind. Ist das neue Molekül erfolgreich im Sinne von möglichen weiteren Reaktionen, so kann dieser Prozess durchaus die Grundlage für die Bildung komplexer Moleküle sein. Dass die Prinzipien von Selektion und Evolution auf molekularer Ebene dafür ausreichen, die Entstehung sich selbst organisierender Prozesse und damit Leben hervorzubringen, ist nach meiner

Einschätzung eher unwahrscheinlich. Auch hier kann eine vorprogrammierte Entwicklung angenommen werden, die schon in der Natur der kleinsten Teilchen angelegt ist. Einige Forscher sind der Überzeugung, dass das Leben nicht zufällig entstanden ist, sondern unter den gegebenen Bedingungen gewissermaßen entstehen musste.

Ein Blick zum nächtlichen Himmel und zum Licht der Sterne, das sich schon vor Millionen von Jahren auf die Reise gemacht hat, lässt uns erkennen, dass unsere Lebenszeit nur ein Wimpernschlag in der Geschichte vom Werden und Vergehen ist, aber auch Teil eines großen Ganzen, dessen wahres Wesen wir wohl nie ergründen werden. Allein der Gedanke an die Zugehörigkeit zu einem übergeordneten System kann ein Gefühl der Geborgenheit vermitteln und auch dem Ende des Lebens Sinn verleihen. Sterben ist gewissermaßen eine Rückkehr zum Ursprung. Es ist wohl nicht nur die Materie, die zu ihrem Ursprung zurückkehrt, sondern auch die mit ihr untrennbar verbundene geistige Komponente. Eine Form von Wiedergeburt ist wahrscheinlich, da die Atome immer wieder in den Kreislauf des Lebens eingebunden werden. Die Wahrscheinlichkeit, dass in unserem Körper Kohlenstoffatome unserer Urahnen vorkommen, die sich vor Urzeiten als Kohlendioxid in die Atmosphäre verflüchtigt haben und über die Photosynthese wieder in den Kreislauf des Lebens eingetreten sind, ist hoch. Statistisch passiert das für jedes einzelne Kohlenstoffatom alle zweihundert Jahre. Wenn man die riesige Zahl an C-Atomen in einer einzigen Zelle betrachtet, ist die Wahrscheinlichkeit, dass man eine stattliche Anzahl von Kohlenstoffatomen von Christoph Kolumbus oder Dschingis Khan in sich trägt, eine durchaus berechenbare.

Vor fünf bis sechs Millionen Jahren erfolgte die Trennung der zu Homo und zu den Schimpansen führenden Entwicklungslinien. Homo sapiens bevölkert die Erde erst seit 300.000 Jahren. Das Ende unserer Spezies ist vorprogrammiert. In etwa 500 Millionen Jahren wird sich die Sonne zu einem roten Riesen aufblähen und die Hitze wird alles Leben vernichten. Viel wahrscheinlicher aber ist, dass wir uns selbst schon viel früher eliminieren werden. Angesichts des zerstörerischen Wirkens von homo sapiens auf diesem Planeten, dem einzig bewohnbaren im Sonnensystem, ist diese Entwicklung schon jetzt absehbar.

Materie in all ihren Erscheinungsformen ist einem ständigen Wandel unterworfen. Ihre fast unbegrenzte Vielfalt äußert sich in Mineralien, Gesteinen und Landschaften. Sie ist die Grundlage für die Entstehung des Lebens in all seinen unterschiedlichen Formen bis hin zum Auftreten der menschlichen Spezies.

Natur mit allen Sinnen erfahren

Es war eine fast skurrile Situation, die ich in einem Urlaub auf der Azoreninsel Sao Miguel beobachtete. Gemeinsam mit meiner Frau, Freunden und mehreren Urlaubern stand ich am Kraterrand der Caldera, an deren Grund der Lagoa do Fogo, der Feuersee, in türkisgrünen Farbtönen schimmerte. Die Begeisterung der Touristen über die fantastische Aussicht war spürbar und es herrschte eine fast feierliche Stimmung. Wir schickten uns gerade an, den steilen Steig über die Flanken des erloschenen Vulkans abzusteigen, als ein weißer Sportwagen auf den kleinen Parkplatz des Aussichtspunkts fuhr. Ihm entstieg ein eleganter junger Mann mit einem kleinen Alu-Koffer. Diesem entnahm er ein fragiles technisches Gerät. Wenige Minuten später war die Drohne in der Luft über unseren Köpfen. Mit leisem Surren zog sie zwischen den kreischenden Möwen ihre Bahnen hinunter zu den Buchten der Lagune, deren Rand sie mehrfach überflog. Nach zehn Minuten war der Spuk vorbei und der Sportwagen brauste davon.

Wann und wie oft wird der technikbegeisterte junge Mann die Aufnahmen ansehen? Wie weit wird er die Großartigkeit dieser Landschaft spüren? Möchte er nur seine Freunde mit zweifellos atemberaubenden Perspektiven beeindrucken? Ist es die Eitelkeit, noch spektakulärere Aufnahmen als alle anderen mit nach Hause zu nehmen?

In Österreich gibt es rund 100.000 Drohnen, die meisten davon werden ohne offizielle Bewilligung betrieben. Nicht selten gefährden sie den Flugbetrieb oder auch Personen. Sportbegeisterte erinnern sich an den Ski-Nachtslalom 2015 in Madonna di Campino (Italien), als Österreichs Ski-Ausnahmetalent Marcel Hirscher beinahe von einer abstürzenden Drohne getroffen wurde. Auch bei uns in Tirol nimmt das Drohnen-Unwesen zu. Bei einer Wanderung in einer abgelegenen Schlucht im Brandenbergtal, ich wähnte mich völlig alleine, hörte ich plötzlich dieses unverkennbare Surren in der Luft und sah eine Drohne in einem unzugänglichen Teil der Klamm, vom »Piloten« keine Spur. So schnell wie die Drohne war auch meine euphorische Stimmung verflogen. Warum müssen wir der Natur die letzten Geheimnisse nehmen, warum dieses immer Mehr und immer noch Spektakulärer?

In Island findet man an fast allen der zahlreichen atemberaubenden Wasserfälle den Hinweis »NO DRONES« – vielleicht auch bald bei uns. Die Mini-Fluggeräte können aber auch für den Natur- und Katastrophenschutz eingesetzt werden. In Tirol kommen sie zum Beispiel bei der Heumahd zum Einsatz. Freiwillige haben sich organisiert und überfliegen die Felder, um versteckte Rehkitze aufzuspüren und sie so vor dem grausamen Tod durch Mähwerke zu bewahren. In der gewerblichen Nutzung oder in den Händen von Rettungseinheiten sind Drohnen ein hilfreiches Instrument. Als Spielzeug für eine wachsende Zahl von Laien können sie schnell zur Plage werden.

Natur erleben heißt, sie mit allen Sinnen zu erfahren. Ein Spaziergang im Wald kann ein wahres Feuerwerk an Eindrücken und Sinneswahrnehmungen bedeuten. Gerade in einer Zeit, in der viele Eindrücke nur mehr virtuell vermittelt werden, gewinnt der direkte und unmittelbare Kontakt zunehmend an Bedeutung. Es gibt fantastische Naturfilme in HD-Auflösung und von hoher fotografischer Qualität. Sie stellen eine Bereicherung für jeden Naturliebhaber dar, können aber die komplexe Fülle von Eindrücken in freier Natur nicht ansatzweise wiedergeben.

Mit offenen Augen die Umgebung wahrnehmen, den Wind auf der Haut spüren und gleichzeitig dem Rauschen der Blätter oder dem Gezwitscher eines Vogels zu lauschen, ist ein ganzheitliches Gefühlserlebnis. Echtes Naturerleben ist mehr als nur passiver Konsum, es erfordert den Einsatz der ganzen Person auf physischer und mentaler Ebene.

Das Auge ist zweifellos unser wichtigstes Empfangsorgan. Es ist durchaus als Luxus zu betrachten, dass wir unsere Welt in bunten Farben erleben können. Viele Lebewesen sehen ihre Umgebung in einem stark eingeschränkten Farbspektrum oder auch nur Schwarz-Weiß, Pferde sind ein Beispiel dafür. Den Grund für unsere Fähigkeit zum Farbensehen kennen wir nicht wirklich. Vielleicht diente es in unserer Entwicklung dem besseren Erkennen der reifen Früchte in den Bäumen und führte somit zu einem evolutionären Vorteil bei der Nahrungsbeschaffung. Zudem ermöglicht es eine bessere Einschätzung von Distanzen, da unterschiedliche Farben das perspektivische Sehen verbessern und so vielleicht bei der Jagd einen Vorteil brachten.

Unser Auge hat seine höchste Sensibilität im grünen Spektralbereich. Wir empfinden Grüntöne etwa zehnmal heller als rot oder blau und können Hunderte verschiedene Grünschattierungen unterscheiden – wohl auch eine frühe Anpassung an unsere natürliche Umgebung. Jeder kennt die beruhigende Wirkung, die von einer grünen Landschaft ausgeht. Eine wahre Sinfonie von Grüntönen habe ich auf einer Plattform hoch in den Baumkronen der Urwaldriesen im tropischen Regenwald erlebt. Das Kronendach schien wie ein endloses Meer von grünen Wogen und doch konnte ich jeden einzelnen Baum unterscheiden.

Für Menschen, die in trockenen Regionen beheimatet sind, ist Grün die Farbe des Paradieses. Als Student verbrachte ich einen Studienaufenthalt am landwirtschaftlichen Institut der Universität Jerusalem. Dort forschte man unter anderem an der Entwicklung von trockenheitsresistenten Grassorten. Tatsächlich war das Institutsgelände einer der ganz wenigen Orte im Land, der auch in den Sommermonaten einen grünen Rasen vorweisen konnte. In den zwei Monaten meines Aufenthalts erlebte ich keinen einzigen Regentag. Auf meine Frage, ob es denn hier im Sommer niemals regnete, zeigten meine Kollegen auf ein paar winzige Krater im staubtrockenen Boden. In der Nacht waren einige wenige Regentropfen gefallen. In der anschließenden Diskussion ging es um die Frage, wie sich jeder einzelne einen paradiesischen Ort vorstelle. Meine israelischen Freunde waren sich einig. England mit seinen grünen Feldern kommt ihrer Vorstellung vom Paradies am nächsten.

Auch die Farbe eines Sees erscheint uns in verschiedensten Nuancen. Bei Sonnenschein hängt die Sinneswahrnehmung stark von unserem Blickwinkel bzw. dem Einfallswinkel des Lichts ab. Wirkt die Wasseroberfläche mit der Sonne im Rücken schlammig grau, so kann sie sich im Gegenlicht in tiefem Blau präsentieren. Feinste Partikel aus Gletscherschliff verleihen dem Wasser eine türkise Färbung. Wenn der Wind die Seeoberfläche kräuselt, zaubert er zusätzlich durch die Reflexion des Sonnenlichts Tausende kleine Lichtpunkte auf das Wasser, ein beeindruckendes und immer wieder wechselndes Bild.

Das Licht ist ganz entscheidend für unsere Wahrnehmung. Ein und dieselbe Landschaft vermittelt je nach Jahres- und Tageszeit ganz unterschiedliche Eindrücke und Empfindungen. In den Bergen wird dies besonders deutlich, wenn etwa die grauen Felsen der Dolomiten im Abendlicht in malerischen Rottönen erglühen. Deshalb lohnt es sich den gleichen Ort bei unterschiedlichen Bedingungen aufzusuchen. Man wird ihn immer wieder neu erleben.

Wer eine Kamera dabei hat, schärft seine Beobachtungsgabe und sieht vielleicht mehr als andere. Auch ein Fernglas, das man heute schon in handlich kleinem Format erwerben kann, erweitert den Horizont. Hier empfehle ich, besonders auf die Qualität zu achten, da Brillanz und Schärfe ganz entscheidend zum Sinneserleben beitragen. Vor allem bei der Beobachtung von Tieren leistet es hervorragende Dienste, ob beim Whale-Watching im Pazifik oder bei Vogelbeobachtungen im häuslichen Garten.

Besonders interessante Einblicke in die Natur vermittelt die Welt des Kleinen, die meist nur mit technischen Instrumenten zugänglich ist. Oft genügt schon eine Lupe, um Dinge zu sehen, die dem unbewaffneten Auge verborgen bleiben. Meine Frau hat ihre Leidenschaft zum Fotografieren vor allem der Makrofotografie zu verdanken. Eine unscheinbare kleine Blüte wird zu einem wundervollen Kunstwerk und das Schlüpfen einer Libelle aus der engen Larvenhülle zu einem spannenden Naturfilm. Der Blick fürs Detail eröffnet ganz überraschende Perspektiven und bringt uns zum Staunen. Eine kleine Geologenlupe, nicht viel größer als ein Fingerhut, eröffnet überraschende Einblicke in die Welt der Mineralien. Was mit freiem Auge aussieht wie ein unscheinbarer Stein, offenbart sich als ein fantastisches Ensemble von verschiedenen Kristallen.

Es gibt Blumen, die zwingen mich sprichwörtlich in die Knie. Sehe ich einen Seidelbast im Wald oder ein Steinröschen auf einer Almwiese, so kann ich nicht umhin, niederzuknien, um deren betörenden Duft zu inhalieren. Im Februar, oft schon im Januar, ist es der Duftstrauch im Garten, der meiner Nase ein sinnliches Erlebnis in der kalten Jahreszeit beschert. Beeindruckend, wie es die Pflanze schafft, bei Minusgraden Blüten auszutreiben. Im Frühjahr erlebe ich einen wahren Rausch von Düften, die die Luft erfüllen. Während der Duft von Flieder und Holunder schon tagsüber über weite Distanzen wahrnehmbar ist, entfaltet das Geißblatt sein mediterranes Flair in den Abendstunden und lockt Nachtfalter und Schwärmer an. In Sommernächten kann sich nichts mit den ätherischen Düften der Mittelmeerregion vergleichen. Korsika und die Provence haben sich nicht zuletzt aufgrund der Fülle von Dufterlebnissen in mein Gedächtnis eingebrannt. Der Geruchssinn ist der älteste unserer Sinne. Sein Wahrnehmungszentrum hat seinen Sitz im Stammhirn, nicht weit vom limbischen System, das für unsere Gefühlsempfindungen verantwortlich ist, und nahe den Rezeptoren in der Nase. Vielleicht ist das der Grund, warum Düfte längst verschollene Erinnerungen wieder an die Oberfläche bringen. So löst der Geruch einer bestimmten Sonnenmilch bei mir weit zurückliegende Erinnerungen an Urlaube aus meiner Kindheit aus. Der Gardasee oder das Mittelmeer sind plötzlich ganz nah und es scheint, als könnte ich das Rauschen der Brandung hören.

Im Herbst sind es vor allem die erdigen Duftnoten, die meine Nase erfüllen. Der Geruch von modrigem Laub oder umgepflügter Erde ist unverkennbar. Geosmin nennen die Chemiker seine Hauptkomponente. Gräser entfalten ihren Duft erst, wenn sie geschnitten oder getrocknet werden. Beim frisch gemähten Gras sind es frische, aldehydische Duftnoten, während der würzige Duft von Heu ganz andere Gefühlsempfindungen auslöst.

Bekanntermaßen spielen Düfte auch im Liebesleben eine wichtige Rolle. Schon wenige Moleküle von Pheromonen, Sexuallockstoffen, bringen Schmetterlinge in eine derartige Erregung, dass sie jegliche Gefahr vergessen und in die Duftfallen tappen, die zu ihrer Bekämpfung in Wäldern aufgestellt werden. Es sind Düfte, die vielen Säugetieren die Empfangsbereitschaft der Weibchen signalisieren, die oft nur wenige Tage im Jahr anhält. Auch in der zwischenmenschlichen Beziehung ist entscheidend, wie gut man sich riechen kann. Der Geruch des Partners wird als umso angenehmer empfunden, je größer der genetische Unterschied zwischen den Partnern ist, ein genialer Trick der Evolution. In keinem anderen Werk der Literatur wird der Einfluss von Gerüchen deutlicher beschrieben als in Patrick Süskinds »Parfum«, das auch überaus erfolgreich verfilmt wurde.

Absolute Stille ist für uns Menschen unerträglich. Ich wohne in einer ziemlich ruhigen ländlichen Gegend, die mir einen ungestörten Schlaf ermöglicht. Als ich aber einmal auf einem abgelegenen Hof in Irland übernachtete, konnte ich lange nicht einschlafen. So sehr ich meine Ohren auch anstrengte, ich konnte nicht den leisesten Ton wahrnehmen. Die vollkommene Stille erzeugte mehr Unruhe als Entspannung und ich war froh, als frühmorgens das Traben der Pferde auf der Weide zu hören war. Offensichtlich brauchen wir einen gewissen Pegel an Hintergrundgeräuschen, damit wir uns wohl fühlen. Art und Intensität spielen dabei eine entscheidende Rolle. Vielfach entscheidet der Kopf, ob wir etwas als angenehm oder störend empfinden.

Besonders beruhigend kann das Geräusch von fließendem Wasser sein. Sein Spektrum reicht vom sanften Murmeln eines Wiesenbächleins bis zum Rauschen eines Gebirgsbachs oder dem ewig gleichen Rhythmus der Meeresbrandung. Vielleicht liegt es an unserer pränatalen Erfahrung mit dem Plätschern des Fruchtwassers im Mutterleib, das uns ein Gefühl der Geborgenheit vermittelt.

Unsere Wahrnehmung differenziert sehr klar zwischen natürlichen und technischen Geräuschen, die wir zumeist als störenden Lärm wahrnehmen. Tirol ist als Brücke zwischen dem Norden und Süden Europas ein Transitland mit großer Bedeutung für den Waren- und Personenverkehr. Schon über einen langen Zeitraum nehmen diese von Jahr zu Jahr zu.

Es war ein unerwarteter Nebeneffekt der Corona-Krise, dass der PKW-Verkehr für einen Zeitraum von etwa zwei Wochen, während der strengen Quarantäne, um mehr als zwei Drittel zurückging. Bekannte, die neben einer vielbefahrenen Straße wohnen, haben berichtet, dass sie zum ersten Mal den Gesang der Vögel am Morgen wahrgenommen haben. Um diese Zeit ist sonst der Berufs- und Pendlerverkehr voll im Gang.

Am Wochenende herrschte durch ein reduziertes Aufkommen an Schwerlastfahrzeugen eine fast gespenstische Ruhe. Umweltmediziner berichteten, dass Patienten, die neben der Autobahn wohnen, plötzlich weniger über Schlaflosigkeit und Unruhe klagten und sogar deren Bluthochdruck messbar sank. Die Messstellen für die Luftgüte zeigten einen Rückgang der Stickoxide um mehr als sechzig Prozent an.

Jetzt, da der Winter gerade Abschied genommen hat, liegt wieder der Gesang der Vögel in der Luft. Wenn man, wie ich, am Waldrand lebt, nimmt man diese Musik kaum mehr bewusst wahr. Als ich einmal im Garten stand und mit einem Bekannten telefonierte, fragte dieser, was das für ein wunderbarer Gesang im Hintergrund sei. Da wurden mir erst die anmutigen Melodien der Mönchsgrasmücke bewusst, ein Zugvogel, der jedes Jahr in unserem Garten brütet.

Es lohnt sich, genau hinzuhören und die Vielfalt und die Harmonie bewusst wahrzunehmen. In jungen Jahren habe ich allenfalls mitleidig gelächelt, wenn ich sah, wie Leute Bäume umarmten und ihre Ohren an den Stamm pressten, so als könnten sie das Fließen der Säfte im Inneren hören. Heute denke ich anders darüber. Die Verbindung mit allem Lebenden ist mir zur Selbstverständlichkeit geworden und die Berührung selbst scheinbar toter Steine weckt das Gefühl der Verbundenheit mit unserem Planeten.

Auf dem Rücken im Gras liegend, den Blick zum Himmel gerichtet, erfährt man die eigene Schwere, aber auch die Verbundenheit mit Mutter Erde. Man fühlt gewissermaßen ihren Herzschlag, scheint im Boden fest verankert, fast versunken. Schon in jungen Jahren habe ich dieses Gefühl erfahren. In meinem altertümlichen Zelt, das schon meine Eltern auf ihrer Hochzeitsreise mitgenommen hatten, ohne Reißverschluss, stattdessen mit Schlaufen, die ineinander gefädelt wurden, nur durch eine dünne, durchscheinende Zeltwand von der Außenwelt getrennt und doch behütet, so habe ich zuerst alleine, später gemeinsam mit meiner Frau, viele Länder bereist, meist abseits von Campingplätzen in freier Natur. Unvergesslich ist etwa der Blick aus dem kleinen Hauszelt auf die Stromschnellen eines Wildflusses in Mittelnorwegen und die Lachse, die mit kräftigen Flossenschlägen und kühnen Sprüngen versuchten, diese zu überwinden. Oder die Erfahrung in einer Zelt-Lodge in Namibia, als einzelne Tiere einer Elefantenherde mitten in der Nacht, nur durch eine hauchdünne Barriere getrennt, ganz nahe an meinem Bett vorbeizogen. Das Krachen der Äste, die sie mit ihrem kräftigen Rüssel von den Bäumen brachen und das tiefe, für das menschliche Gehör gerade noch wahrnehmbare Grollen erschufen eine archaische Atmosphäre wie aus einer anderen Zeit.

Eine nicht minder beeindruckende Geräuschkulisse erlebte ich in einem Camp an einem Seitenfluss des Okawango. Eben erst waren die Trommeln aus einem entfernt gelegenen Dorf verstummt, als ein Flusspferd direkt vor dem Zelt am Flussufer entlang stapfte und die spärlichen Grasbüschel abgraste, ein unverkennbares Geräusch. Man hatte uns gewarnt, das mächtige Flusspferd betrachte diesen Flussabschnitt als sein Revier und man sollte keinesfalls das Zelt verlassen. Die unmittelbare Nähe zu einem so großen und potenziell gefährlichen Tier ließ mein Herz höher schlagen, nicht nur wegen der möglichen Gefahr, sondern weil ich mich hier mitten in der Wildnis wusste, weit weg von der Sicherheit und der Banalität der Zivilisation.

Das Bestreben, Dinge zu »begreifen«, ist schon im Kleinkindalter ausgeprägt und hat wahrscheinlich den Zweck, die Dreidimensionalität der Welt und deren Proportionen zu erfahren. Auf diese Weise lernen wir, Entfernungen im Nahbereich abzuschätzen und die Oberfläche von Dingen zu ertasten.

Tiere zu streicheln vermittelt einen sehr innigen und tiefen Kontakt. Ein weiches Katzenfell oder der muskulöse Hals eines Pferdes lösen ein starkes Verlangen nach Berührung aus und schaffen eine sehr emotionale Verbindung zu unseren Mitlebewesen. Es sind vor allem die Jungtiere mit ihren großen Augen, den rundlichen Formen und der tollpatschigen Art, die eine starke Anziehungskraft ausüben und unmittelbar den Beschützerinstinkt wecken, ein wichtiges Instrument der Arterhaltung.

Wie schmeckt Natur? Eine oder besser viele Antworten auf diese Frage erfuhr ich auf einer Reise durch Costa Rica, ein Land, das nicht nur für seine Artenvielfalt an Pflanzen und Tieren berühmt ist, sondern auch eine fast unerschöpfliche Auswahl an Früchten bietet. An den vielen Straßenläden und in den Märkten der Städte findet man fast alles, was in diesem Tropenparadies wächst und gedeiht und den Geschmackssinn erfreut. Die Geschmacksrichtungen zu beschreiben, ist schlicht unmöglich, man muss sie unmittelbar erleben.

Aber auch in unseren Breiten gibt es Köstliches aus der Natur. Der Apfel ist nicht umsonst das Symbol der Verführung im Paradies. Das Spiel von Süße und Säure macht ihn zu einem unvergleichlichen Geschmackserlebnis. Instinktiv bevorzugen wir Äpfel mit einem hohen Anteil an Rottönen, Apfelbauern nennen es die »Backe«. Der Grund für diese Vorliebe ist vielleicht ihr höherer Gehalt an Anthocyanen, Farbstoffen mit einer antioxidativen Wirkung, die als besonders gesund gelten. So entstand wohl auch der bekannte Spruch »An apple a day keeps the doctor away!«

Apropos Paradies. In meiner Heimat nennt man die Tomaten Paradeiser, denen man früher aphrodisierende Wirkung nachsagte. Lycopin, der rote Farbstoff der Tomate, hat eine ähnliche Wirkung wie die Anthocyane und kommt auch in vielen anderen rötlichen Früchten wie Hagebutten, Wassermelonen oder Papayas vor.

Die katholische Kirche war schon immer jeglicher Art von sinnlichen Genüssen gegenüber äußerst skeptisch eingestellt. Dies galt auch lange Zeit für den Kaffee. Im Mittelalter war sein Genuss bei Strafe verboten und es gab bezahlte Schnüffler, die durch die Straßen gingen, um mit Hilfe ihrer feinen Nase Gesetzesbrecher zu überführen.

Das Kaffeearoma ist extrem komplex zusammengesetzt und bekommt seine Vielfalt erst durch die Röstung. Man schätzt, dass das Zusammenspiel von mehr als tausend Komponenten dieses Geschmackserlebnis ermöglicht. Chemiker haben erst etwa fünfhundert davon identifiziert und es ist zu erwarten, dass es so bald keinen synthetischen Ersatz für die Kaffeebohne gibt.

Künstliche Aromen beherrschen heute schon in vielen Bereichen unsere Lebensmittel. Sie sind billig herzustellen und entfalten schon in kleinsten Dosen ihre Wirkung. So kann etwa eine Messerspitze Erbsenaroma ein ganzes Schwimmbad geschmacklich in eine Erbsensuppe verwandeln. Was sie an Intensität bieten, wird allerdings an Vielfalt und Differenziertheit der Aromen eingebüßt. Ähnlich wie bei den Düften beschränkt sich die Synthese auf einige wenige Hauptgeschmacksträger, während die Natur ziemlich verschwenderisch damit umgeht.

Leider greifen vor allem Kinder bevorzugt zu den künstlichen Aromen, wie Geschmackstests mit verschiedenen Joghurtprodukten ergaben. Das ist sicher auch eine Frage der Erziehung und der familiären Essensgewohnheiten. Intensität vor Komplexität, das gilt ganz besonders für die allgegenwärtigen Geschmacksverstärker, die unter anderem in vielen Snacks und Crackern enthalten sind.

Vielleicht müssen wir erst wieder lernen, wie Natur schmeckt.

Naturerleben ist ein ganzheitlicher Prozess, der alle Sinne umfasst. Viele dieser Erfahrungen sammeln wir in der Kindheit. Sie sind in unserem Gehirn gespeichert und prägen ein Leben lang unsere Einstellung zu Natur und Naturschutz.

Respekt gegenüber der Natur

Ich bin in Tirol aufgewachsen, mitten in den Alpen. Ich liebe dieses Land, seine Flüsse und Seen, seine Täler – aber vor allem liebe ich seine Berge. Sie sind seit jeher Teil unserer Tiroler Identität, Teil unserer Seele. In vielen Kulturen der Erde sind oder waren Berge ein Ort der Besinnung, der religiösen Kontemplation, Sitz der Götter. »Demut gebietend und erhebend zugleich, kaum etwas in der Natur flößt uns so viel Ehrfurcht ein wie der Anblick von Bergen«, formulierte Kofi Anan, Friedensnobelpreisträger und Generalsekretär der Vereinten Nationen. Heute sind die Alpen vielerorts zur Freizeitarena verkommen, zum Spielplatz einer spaßsüchtigen Gesellschaft. Sie haben ihre Würde verloren oder treffender, *wir* haben den Respekt gegenüber der Natur verloren.

Es wird eine sehr alte Geschichte erzählt in einem kleinen Land im Himalaya. In der Nähe des Chomolhari (7000er in Tibet) gab es einen König. Der hatte vor Hunderten von Jahren die Idee, den Gipfel des gegenüber liegenden Berges abtragen zu lassen, damit die Sonne länger in das Tal scheint. Er wies seine Untertanen an, den Gipfel des Berges abzugraben. Die Menschen überlegten eine Nacht lang. Am nächsten Morgen enthaupteten sie den König.

Heute werden Eingriffe in die Natur nicht mehr mit so drastischen Maßnahmen geahndet. Noch vor kurzem galten Seilbahnunternehmer, die neue Gebiete für den Skitourismus erschlossen, als Pioniere, die den Menschen in den Tälern Wohlstand bringen. Allmählich ist aber bei vielen Menschen und manchen Politikern ein Umdenken erkennbar. So wurde ein Projekt, das den Zusammenschluss zweier Gletscherskigebiete und die Verbauung von drei weiteren Gletschern vorsah, durch eine Petition gestoppt, die in wenigen Wochen mehr als 160.000 Unterschriften gesammelt hatte. Ein Befürworter des Zusammenschlusses äußerte sich mir gegenüber: »Was macht das schon, sind ja nur ein paar Steine und Eisbrocken.« Leider findet man diese Einstellung vorwiegend bei vielen Einheimischen vor Ort, die in erster Linie den kommerziellen Nutzen der Berge im Sinn haben.

Wandert man im Sommer über ein intensiv genutztes Skigebiet, so wird man allerorts Baustellen finden. Geländekorrekturen, Pistenverbreiterungen, neue Stützen, Speicherteiche usw. Tief sind die Narben, die der Natur zugefügt werden. Mit den Mitteln der modernen Technik ist fast alles machbar und was machbar ist, wird gemacht.

Nicht der Mensch passt sich der Natur an, sondern die Natur wird passend gemacht für einen ausufernden Tourismus, der in vielen Regionen längst die Grenzen der Verträglichkeit überschritten hat.

Auch in der Energiewirtschaft stehen häufig kommerzielle Überlegungen den ökologischen Bedenken entgegen und behalten meist die Oberhand. In den Köpfen der Technokraten und vieler Politiker sind Bäche und Flüsse in erster Linie Energielieferanten. Es war ein Meilenstein in der Geschichte der Umweltbewegung in Österreich und die Geburtsstunde der Grünen, als 1984 der Bau eines Kraftwerkes in der Hainburger Au, einem großen Naturschutzgebiet östlich von Wien, verhindert wurde. Die Besetzung der Donau-Au durch mehrere Hundert Aktivisten zwang die Politik damals zum Einlenken und zum Stopp der Ausbaumaßnahmen.

Kein anderes Lebewesen hat auf diesem Planeten größeren Schaden angerichtet als homo sapiens sapiens – nach Eigendefinition und in maßloser Selbstüberschätzung die Krone der Schöpfung. »Macht euch die Erde untertan«, lautet der biblische Auftrag, den wir in hervorragender Weise erfüllt haben. Jetzt müssen wir die Scherben zusammenkehren.

Der Mangel an Respekt gegenüber der Natur äußert sich aber nicht nur im Umgang mit der Ressource Landschaft. Auch in der industrialisierten Landwirtschaft ist alles der Gewinnmaximierung untergeordnet. Nicht selten zwingen marktwirtschaftliche Gegebenheiten die Bauern zu Praktiken, die als in höchstem Ausmaß naturverachtend bezeichnet werden müssen. Die Massenhaltung von Tieren gehört zweifellos dazu. Tiere werden als Produkte betrachtet, nicht als Lebewesen und diese Produkte sollen möglichst billig produziert werden. Selbst die Legislative in vielen Ländern, darunter auch Österreich, sieht das Tier als Sache, nicht als Lebewesen. Tiere sind keine Objekte, sie sind Subjekte wie wir, sie sind »jemand«.

In unserer Überheblichkeit übersehen wir sehr oft, dass wir mit den Tieren mehr gemein haben als wir ahnen. So sind 98 Prozent der Gene von Mensch und Schimpansen identisch. Der Unterschied von Mensch zu Mensch kann durchaus größer sein. Was uns mit allen Lebewesen verbindet, ist die gemeinsame genetische Sprache, die aus nur vier Buchstaben, auf molekularer Ebene betrachtet, vier Basen, besteht. Deren Abfolge bestimmt unser genetisches Programm, von den rein physiologischen Merkmalen bis hin zu geistig-psychischen Dispositionen.

Immer wieder hat man versucht, eine klare Trennlinie zwischen Mensch und Tier zu ziehen. Vor allem die katholische Kirche ließ nichts unversucht, um dem Menschen eine unbestrittene Sonderrolle in der Schöpfung zuzuschreiben.

Zuerst war es der Gebrauch von Werkzeugen, der als rein menschliches Verhalten interpretiert wurde. Schon bald präsentierten Biologen eine ganze Reihe von Tieren, die Werkzeuge sehr gezielt einsetzen – und es sind nicht nur unsere nächsten Verwandten, die Primaten, die dazu in der Lage sind. Vögel verwenden Grashalme, um auf Insektenjagd zu gehen, und Seeotter knacken die harte Schale von Muscheln, indem sie schwimmend Steine auf ihrer Brust tragen und sie als Amboss für die Meeresfrüchte verwenden, bis diese ihren Inhalt preisgeben.

Später wurde die Selbsterkenntnis, die Fähigkeit, sich als Individuum wahrzunehmen, als die einzig dem Menschen eigene Begabung angesehen. Spiegelbildversuche mit Schimpansen und anderen Menschenaffen haben gezeigt, dass auch sie in der Lage sind, sich selbst im Spiegel zu erkennen. So haben sie versucht, Markierungen, die man in ihrem Gesicht angebracht hat, nicht im Spiegelbild, sondern an ihrem Kopf zu entfernen. Das bedeutet, dass sie sich im Spiegelbild als Individuum wiedererkannt haben. Auch das komplexe Sozialverhalten vieler Tiere ist dem der Menschen ähnlich oder sogar überlegen, wenn man als Maßstab einzig die soziale Komponente sieht. So steht bei tierischen Gesellschaften sehr oft das Überleben der Art über dem des Individuums.

Vielfach wurde den Tieren auch die Fähigkeit abgesprochen, zu Gefühlen wie Empathie, Mitleid mit Artgenossen oder Trauer fähig zu sein. Betrachtet man Elefanten, die von einem toten Mitglied ihrer Herde Abschied nehmen, indem sie dieses immer wieder mit ihrem Rüssel betasten, wird man eines Besseren belehrt.

Oft genügt es schon, die eigenen Haustiere zu beobachten. Die Gefühle, die wir ihnen entgegenbringen, werden unmittelbar erwidert. Immer wieder wird behauptet, Tiere seien nur instinktgesteuert. Die moderne Verhaltensforschung hat gezeigt, dass unsere Mitlebewesen durchaus in der Lage sind, vorausschauend und planend zu handeln. So sammeln beispielsweise Schimpansen bestimmte Objekte, wie Holzstöcke oder Steine, um sie später als Werkzeuge zu benutzen.

Ich meine, dass der Unterschied zwischen Mensch und Tier ein gradueller und kein substanzieller ist. Wir sind das am höchsten entwickelte Säugetier. Der Unterschied zwischen uns und unseren nächsten Verwandten, den Schimpansen, ist zweifellos erheblich, wie viel größer ist jedoch der Unterschied zwischen einem Säugetier und einem Regenwurm. Und trotzdem haben beide Arten gelernt zu überleben, teilweise unter härtesten Bedingungen. Noch ist der Mensch das erfolgreichste Wesen auf diesem Planeten, was Anpassung und Territorium angeht. Im Falle einer globalen Katastrophe, etwa einem Mega-Vulkanausbruch oder einem Meteoriteneinschlag, hätten Insekten oder Reptilien wahrscheinlich bessere Überlebenschancen.

Es ist schon paradox, wie sehr wir zwischen Haus- und Nutztieren unterscheiden. Während wir Erstere verhätscheln und sie geradezu vermenschlichen, lassen wir gleichzeitig zu, dass Schweine auf engstem Raum auf Spaltböden, sogar auf Schiffen gehalten werden, Hühner sich in der Enge ihrer Käfige gegenseitig die Federn ausrupfen, nur damit ihr Fleisch zum Kilopreis von knapp mehr als einem Euro angeboten werden kann. Da sich bei einer Tierhaltung auf engstem Raum Krankheiten rasend schnell ausbreiten, müssen Antibiotika eingesetzt werden, die sich dann auch in den Lebensmitteln wiederfinden. Diese verursachen beim Konsumenten Resistenzbildungen, sodass die Wirksamkeit vieler Antibiotika immer mehr eingeschränkt wird und die Krankenhäuser immer häufiger mit multiresistenten Keimen zu kämpfen haben.

Es sind auch die Konsumenten, die diese Praktiken mit zu verantworten haben. Vielfach ist bei der Kaufentscheidung der Preis das einzige Kriterium. Daher ist es auch nicht verwunderlich, wenn Fütterung und Haltung nicht einmal die Mindeststandards erfüllen. So wurden 2010 in Deutschland den Futtermitteln Mineralöle zugesetzt, die mit Dioxin belastet waren. Mehrere Tausend Tonnen dieser verseuchten Futterfette landeten bei 25 deutschen Futtermittelfirmen. Über Tausende Höfe musste eine Handelssperre verhängt werden.

Ein Umdenken und vor allem einen Richtungswechsel wird es wohl erst dann geben, wenn der Gesetzgeber die entsprechenden Rahmenbedingungen vorgibt. Warum sollte es nicht möglich sein, jene zu belohnen, die sich dem Tierwohl verpflichtet fühlen, und jene aus dem Verkehr zu ziehen, die gegen gesetzliche Regelungen verstoßen.

Allmählich zeichnet sich eine positive Entwicklung auch bei uns ab. Noch vor wenigen Jahren war die Anbindehaltung von Rindern in den Ställen ganz selbstverständlich akzeptiert, heute sind immer häufiger Laufställe anzutreffen. Berichte über die grausame Praxis bei Tiertransporten mit oft stundenlangen Wartezeiten an den Grenzen haben den Gesetzgeber veranlasst, strengere Bestimmungen über Ruhezeiten und Labestationen zu erlassen. Es mangelt jedoch an Kontrollmöglichkeiten oder auch an der Bereitschaft, diese umzusetzen. So berichtete der ORF (Österreichischer Rundfunk) im Februar 2020 über internationale Tierschutzorganisationen, denen es gelungen ist, den Weg von Kälbern aus der EU anhand von Ohrmarken und Transportpapieren zu rekonstruieren und die Schlachtung im Libanon zu dokumentieren. In kaum zu ertragenden Bildern wurde gezeigt, wie den Tieren vor der Schlachtung die Sehnen durchtrennt oder die Augen ausgestochen wurden, um sie am Davonlaufen zu hindern. In vielen Ländern Nordafrikas und des Nahen Ostens hat Tierschutz noch immer keine oder eine nur unzureichende gesetzliche Grundlage. Die europäischen Exporteure und Behörden rechtfertigen sich damit, keinen Einfluss auf die Praktiken in den Zielländern zu haben. In einer Agrarwirtschaft, die sich auf die Produktion von Milch mithilfe von hochgezüchteten Milchkuhrassen spezialisiert hat, werden männliche Kälber als Abfallprodukt betrachtet. Neben rein rechtlichen Maßstäben gibt es auch eine ethische Verantwortung, die allerdings kaum wahrgenommen wird.

Es gibt aber auch positive Beispiele. Größere Biobauernhöfe versuchen, Lebendtransporte zu vermeiden, indem die Schlachtung direkt am Hof erfolgt und dies möglichst schonend durch einen tödlichen Schuss während der Fütterung oder auf der Weide aus angemessener Entfernung.

Wie ambivalent, fast schon schizophren unser Verhältnis zu Tieren ist, zeigt eine Geschichte, die ihren Ausgang im Tiroler Zillertal nahm. Auf der Breitlahner Alm in Ginzling kommt im Juni 2019 ein Stierkalb zur Welt. Eine achte Klasse des Walddörfer-Gymnasiums bei Hamburg ist gerade auf Klassenfahrt und erlebt die Geburt mit. Die Jugendlichen sind fasziniert und werden Taufpaten des Kalbs, dem sie den Namen »Goofy« geben. Das Tier wächst ihnen schnell ans Herz und sie beschließen, es vor seinem frühen Ende als Mastkalb zu retten. Gerade drei Monate alt, übersiedelt Goofy in den Norden Deutschlands. Die Schule handelt mit dem ebenfalls in Hamburg gelegenen Museumsdorf Volksdorf die befristete Verlängerung eines möglichst artgerechten Lebens aus. Als Teil des Projekts sollen die Jugendlichen das Tier betreuen bis zur geplanten Schlachtung nach anderthalb Jahren. Eine Gruppe von Tierschützern nimmt Kontakt mit der Schule auf, um diesen letzten Akt zu verhindern. Eine Online-Petition wird gestartet und erreicht schnell mehr als 25.000 Unterschriften. Die Schule wird mit wütenden Zuschriften und Drohungen bombardiert, in den sozialen Netzwerken bricht ein Sturm der Entrüstung los. Das Projekt, das den gesellschaftlichen Anspruch hatte, »dem Fleisch Gesicht und Namen« zu geben, wird abgebrochen. Einen Monat später soll »Goofy« geschlachtet werden. Durch den anhaltenden Widerstand wurde erreicht, dass das Stierkalb künftig als Zugochse im Museumsdorf bleiben darf. In Deutschland werden alljährlich 800 Millionen Tiere geschlachtet.

Die Lebensmittelindustrie hat inzwischen die Skepsis vieler Menschen gegenüber der konventionellen Landwirtschaft erkannt und reagiert darauf. Viele Handelsketten bieten Bio-Produkte an. Der Trend zu veganer Ernährung ist unverkennbar und die Palette der angebotenen Produkte wird immer breiter.

Einen radikalen Weg geht eine israelische Firma, die seit kurzem »in vitro«-Fleisch anbietet. »Wir reproduzieren die natürlichen Prozesse, die im Körper eines Tieres ablaufen, im Labor.« So einfach beschreibt Didier Toubia, Geschäftsführer von Aleph Farms, das Grundprinzip der Herstellung von In-vitro-Fleisch. Für Laborfleisch wird aus tierischen Stammzellen Gewebe gezüchtet. Grundlage für dieses Fleisch ist Muskelgewebe, das einem lebenden Spendertier entnommen wird. Anschließend werden die Stammzellen von anderen Zellen getrennt und in einem Bioreaktor mit Hilfe eines Nährmediums kultiviert. Die künstlichen Muskelzellen wachsen in einer einzelnen dünnen Schicht zu Muskelfasern heran. Presst man viele dieser Zellschichten zu Zellverbänden zusammen, können Fleischlaibchen, Würste oder Nuggets hergestellt werden. Um dreidimensionale Fleischstrukturen zu kreieren, werden Gerüste aus Kollagen oder Vielfachzuckern benötigt, an denen die Zellen wachsen können – daran forscht die Wissenschaft noch.

Weltweit wird nach UNO-Angaben bereits rund ein Drittel der gesamten Landfläche für die Nutztierhaltung oder den Futtermittelanbau verwendet – und die Nachfrage nach tierischem Eiweiß wird Prognosen zufolge mit wachsender Weltbevölkerung weiter zunehmen. Für 2020 wurde ein weltweiter Verzehr von 33,7 Kilogramm pro Person vorhergesagt. Im Jahr 2029 soll der Pro-Kopf-Konsum bei 34,9 Kilogramm Fleisch liegen. Dabei liegt der Konsum in den Industrieländern um einiges höher als in weniger entwickelten Ländern. In Österreich etwa lag der Pro-Kopf-Verbrauch 2019 im Schnitt bei 62,6 Kilogramm, im Jahr davor waren es 63,6 kg. Für Laborfleisch spricht primär, dass dafür kein Tier sein Leben lassen muss, und auch die Diskussion um den Antibiotikaeinsatz in der Haltung oder die mögliche Belastung von Fleisch mit multiresistenten Keimen erübrigt sich. Es bleibt abzuwarten, ob sich diese naturferne Form der Fleischproduktion jemals durchsetzen wird.

Inzwischen ist bekannt, dass auch Pflanzen über ein ausgeklügeltes Kommunikationssystem verfügen. So halten ganze Populationen von Bäumen über ein weit verzweigtes Pilzgeflecht in ihrem Wurzelsystem Kontakt zueinander. Wird ein Marker in einen Baum injiziert, so lässt er sich schon bald in den benachbarten Bäumen nachweisen. Die Pilze (Mykorrhiza) leben in Symbiose mit den Pflanzen, sie versorgen diese mit Nährstoffen und bekommen im Gegenzug Stoffwechselprodukte aus der Photosynthese, die sie selbst nicht produzieren können. Die Kommunikation funktioniert aber auch über chemische Signale, die von den Blättern an die Luft abgegeben werden und von Pflanzen der gleichen Spezies empfangen werden können. Auf diese Weise warnen sich »Artgenossen« vor Schädlingen und Fressfeinden und verschaffen sich so einen zeitlichen Vorteil, um Abwehrstoffe zu produzieren.

Es ist die menschliche Sichtweise, Lebewesen in Schädlinge und Nützlinge einzuteilen. Diese verhängnisvolle Strategie hat zur Ausrottung vieler Arten geführt, vor allem, wenn Tiere oder Pflanzen als Konkurrenten gesehen wurden. So sind schon seit Jahrhunderten viele Raubtiere von der Bildfläche verschwunden, die im gleichen Revier jagten wie wir Menschen. Bis heute geht dieser Verdrängungsprozess weiter und Wildtiere werden in Schutzreservate verdrängt. Die Natur kennt diese Unterscheidung nicht und weist jedem Lebewesen seinen Platz im Ökosystem zu. Mit einem fortschrittlichen Naturmanagement sollte für Mensch und Natur ausreichend Platz vorhanden sein. In der Räuber-Beute-Beziehung gibt es ein ausgefeiltes Gleichgewicht, das beiden das Überleben sichert. Wir Menschen haben es in kurzer Zeit geschafft, viele Arten für immer auszurotten, und werden darin immer erfolgreicher. In den letzten zweihundert Jahren ist der Einfluss des Menschen auf die Entwicklung der Erde so massiv geworden, dass eine eigene Bezeichnung für dieses Zeitalter geschaffen wurde: das Anthropozän.

Überall dort, wo der Einfluss des Menschen minimiert wurde, kann sich die Natur schnell erholen. So sind die Sperrzonen des ehemaligen Eisernen Vorhangs heute wichtige Korridore für die Wanderung von Tieren. Dieses »Grüne Band« wurde vielerorts unter Schutz gestellt und ermöglicht Tierwanderungen über nationale Grenzen hinweg.

Im Umfeld von Tschernobyl, wo sich im April 1986 die größte nukleare Katastrophe in Friedenszeiten ereignete, haben Wildtiere ihren Lebensraum zurückerobert. Es gibt dort, ungeachtet der nach wie vor hohen Strahlung, Rotten von Wildschweinen und eine hohe Dichte von Rotwild.

Leider werden heute aufgrund der zunehmenden Reisefreudigkeit und der technischen Möglichkeiten viele Gebiete für den Massentourismus zugänglich, die früher wenigen Expeditionen vorbehalten waren. So bieten viele Reisebüros Kreuzschifffahrten in die Arktis und Antarktis an, die nicht zuletzt auch wegen des infolge des Klimawandels schrumpfenden Eispanzers möglich geworden sind. So werden auch die letzten Tierparadiese für eine zahlungskräftige Klientel zumindest stark beeinträchtigt.

Die weltweite Corona-Krise hat auch in diesem Bereich Auswirkungen gezeigt und zumindest für eine kurze Zeit für eine Erholung der tourismusgeplagten Natur gesorgt. Schon wenige Wochen nach Ausbreitung der Krise in Europa zeichneten sich in vielen Tourismusregionen auffällige Veränderungen ab. So war das Wasser in Venedigs Kanälen so klar, wie seit Jahrzehnten nicht und sogar Fische wagten sich wieder in die vormals vom Schiffsverkehr überlasteten Wasserwege. Der Himmel präsentierte sich in makellosem Blau, die Kondensstreifen der Flugzeuge waren verschwunden. Die Atmosphäre konnte sich erholen, zumindest für kurze Zeit. Was zahllose Appelle von Wissenschaftlern, Sonntagsreden von Politikern und auch die junge Klimaaktivistin Greta Thunberg nicht geschafft haben, brachte ein winziges Virus in wenigen Wochen zustande. Für eine langfristige Trendwende braucht es allerdings auch die gedankliche Umkehr in den Köpfen der Menschen.

Die Primatenforscherin und Aktivistin Jane Goodall sieht die Missachtung der Natur als Auslöser für die Corona-Pandemie, deren Ursprung auf in den Wildtiermärkten der chinesischen Provinz Wuhan vermutet wird, wo Tiere, unter anderem auch Fledermäuse und Flughunde, unter erbärmlichen Bedingungen gehalten und angeboten wurden. Sie ruft zu mehr Respekt gegenüber der Umwelt auf: »Diese Pandemie wurde ausgelöst durch unsere Missachtung und Respektlosigkeit der Natur und der Tierwelt gegenüber. Wir müssen verstehen, dass wir ein Teil der Umwelt sind. Wir sind von ihr abhängig. Wenn wir sie zerstören, zerstören wir die Zukunft unserer Kinder. Hoffentlich wachen jetzt mehr Menschen auf, angesichts der strengen Maßnahmen und Ausgangssperren auf der ganzen Welt. Vielleicht können wir darüber nachdenken, wie wir in Zukunft anders leben können. Jeder kann etwas bewirken – an jedem einzelnen Tag.«

Die Wissenschaft macht seit Langem darauf aufmerksam, dass Pandemien und Epidemien zunehmend ihren Ursprung bei Tieren haben, die Weltgesundheitsorganisation (WHO) bezeichnet diese Erkrankungen als Zoonosen. Fledermäuse sind die einzigen fliegenden Säugetiere. Sie kurbeln ihren Stoffwechsel stark an, wenn sie in die Luft abheben oder Stress ausgesetzt sind und ihre Körpertemperatur steigt. Diese hohen Temperaturen seien vergleichbar mit dem Fieber bei Menschen, sagt Andrew Cunningham, Professor für Wildtier Epidemiologie der Zoologischen Gesellschaft London. Weil sich die Viren in den Fledermäusen an die hohe Körpertemperatur gewöhnt haben, ist die Antwort des menschlichen Immunsystems, das Fieber, nicht wirksam. Das mache das Sars-Coronavirus-2 und ähnliche Viren so gefährlich für den Menschen, so Cunningham.

Zu einer Übertragung von Fledermaus auf den Menschen komme es dann, wenn die Tiere großen Belastungen ausgesetzt sind. Der Epidemiologe vergleicht das mit dem Herpesvirus und der Entstehung einer Fieberblase. »Wenn Menschen, die das Herpesvirus in sich tragen, Stress haben, wird ihr Immunsystem schwächer und sie entwickeln eine Fieberblase auf ihren Lippen«, so der Epidemiologe. Über diese Fieberblasen kann das Virus auf andere Menschen übertragen werden.

Ähnlich sei das bei Fledermäusen und den Sars-verwandten Coronaviren. Eingriffe in ihren Lebensraum, dem die Menschen immer näher kommen, das Abholzen von Wäldern, das Fangen und Zusammensperren lebender Tiere in kleinen Käfigen auf Märkten, all das verursache Stress und begünstige den Übergang der Viren von einer Spezies zur anderen und schließlich zum Menschen. Und es gebe noch Zehntausende andere Viren, die auf gleiche Weise übertragen werden könnten, warnt Cunningham, nicht nur von Fledermäusen.

Je stärker die Biodiversität des Planeten reduziert würde, desto größer sei die Wahrscheinlichkeit, dass andere Viren von Tieren auf Menschen übertragen würden. Denn die Tiere hätten sich gemeinsam mit Viren entwickelt, im Fall der Fledermaus eben mit Coronaviren. In einem funktionierenden Ökosystem seien solche zoonotischen Übertragungen, von Tier auf Mensch, höchst unwahrscheinlich.

Die Lehre, die man jetzt aus der Covid-19-Pandemie ziehen müsse, sei, nicht weiter in die Lebensräume von Wildtieren einzugreifen und die Artenvielfalt zu erhalten, ist Cunningham überzeugt. Das sei die beste Strategie, um Tiere vor dem Menschen zu schützen und damit den Menschen vor einer Übertragung mit gefährlichen Viren.

Es sind jedoch nicht nur Wildtiere, von denen Gefahren für Zoonosen ausgehen. Haus- und Nutztierarten beherbergen besonders viele Viren, im Schnitt etwa achtmal so viel wie wilde Tiere. So finden sich etwa in Schweinen und Rindern bis zu 30 Arten von Viren. Oft auf engem Raum und in unmittelbarer Nähe des Menschen gehalten, sind Nutztiere daher auch ein besonders großer Risikofaktor.

Der US-Wissenschaftler Michael Greger, der 1993 als einer der ersten Experten auf die mögliche Übertragbarkeit von BSE auf den Menschen hingewiesen hat, bringt in seinem aktuellen Buch »How To Survive A Pandemic« die Problematik auf den Punkt: »Industrielle Tierhaltung ist der sicherste Weg, Pandemien hervorzurufen.« Und er meint: »Bei Pandemien ist es keine Frage des Ob, sondern des Wann und des Wie.«

Ein Kandidat für eine weitere Pandemie ist die Vogelgrippe. In Japan gab es im Jahr 2020 bereits 32 Ausbrüche. Die Regierung ließ 4,6 Millionen Hühner keulen. Bisher scheint die Massentötung die einzige Konsequenz einer irregeleiteten Tierhaltung zu sein.

Als 1992 in England BSE, auch als Rinderwahn bekannt, Zehntausende Rinder befiel, war die Ursache schnell ausfindig gemacht. Man hatte den Futtermitteln Tier- und Knochenmehl zugesetzt, das offensichtlich mit Keimen verunreinigt war und in der Herstellung nicht ausreichend hoch erhitzt worden war. Allein die Praxis, Pflanzenfressern tierische Nahrung zuzumuten, zeigt schon, wie weit die Tierhaltung heute von der Natur entfernt ist.

Auch im Tourismus wird sich wohl einiges ändern müssen. Hunderte Urlauber hatten sich in den Tiroler Tourismus-Hotspots angesteckt und so das Virus in vielen europäischen Ländern verbreitet. Es bleibt abzuwarten, wie sich die Zwangspause hier auswirken wird. Wird man in Zukunft auf Großveranstaltungen wie Popkonzerte oder fragwürdige Show-Spektakel in sensiblen Regionen verzichten? Ein Beispiel dafür ist die alljährlich mit enormem Aufwand inszenierte Gletschershow »Hannibal« auf 3000 Meter Meereshöhe in den Ötztaler Alpen, die den Feldzug des Herrschers aus Karthago über die Alpen zum Inhalt hat. Nachdem durch den Protest von Tierschützern der Einsatz von lebenden Elefanten verhindert wurde, traten lärmende und abgasintensive Pistengeräte an ihre Stelle. Flugzeuge, die im Tiefflug über die Gletscherflächen und die Köpfe der Zuschauer brausen, sollten die Veranstaltung noch spektakulärer gestalten. Ein fulminantes Feuerwerk sorgt dafür, dass Rückstände von Schwermetallen sich im »Ewigen Eis« niederschlagen und irgendwann im Schmelzwasser wieder austreten werden. Hier wird die Natur zur Bühne, zur Staffage für effektheischende Darbietungen, die noch mehr sensationshungrige Touristen in die ohnehin schon überlaufenen Skizentren bringen sollen.

Die Respektlosigkeit mancher Menschen macht nicht einmal mehr vor dem Weltall halt. Tesla-Gründer Elon Musk schickt jeden Monat 60 Satelliten ins All, um das Internet überall und zu jeder Zeit verfügbar zu machen. Derzeit umkreisen 360 seiner Satelliten die Erde, am Ende sollen es 40.000 sein. Der Orbit wird zur Müllhalde und es scheint, als hätten wir Menschen die letzte Bastion der Stille entweiht.

Erst wenn wir uns als Teil der Natur begreifen und nicht als deren Eigentümer, wird der Respekt gegenüber unserer Mitwelt zunehmen. Wer die Natur mit offenen Augen betrachtet und ihre Einzigartigkeit erkennt, wird ihre Zerstörung niemals in Kauf nehmen. Es ist unsere Pflicht, sie in ihrer Ursprünglichkeit und Unversehrtheit für kommende Generationen zu erhalten, wo immer das noch möglich ist.

Natur und Gesellschaft

In den Regenwäldern Borneos gibt es einen Stamm von Ureinwohnern, die dort schon seit mehr als tausend Jahren von dem leben, was der Wald ihnen bietet. Diese Menschen nehmen nur das, was sie zum Überleben brauchen. Ihre Gesellschaft kennt keinen privaten Besitz und setzt daher auch nicht auf dessen Anhäufung. Eigentum in unserem westlichen Sinn gibt es nicht. Vielmehr teilen sie das, was sie übrig haben, mit ihren Clanmitgliedern. Dazu haben die Penan eine spezielle Symbolsprache verwendet, um mit den oft weit verstreut lebenden Menschen zu kommunizieren. Auf ihren Jagdpfaden teilen sie ihren Jagderfolg den Stammesgenossen mit, indem sie ein zusammengerolltes Blatt oder ein Holzstückchen in Form eines Pfeils in eine Astgabelung am Wegrand klemmen. Gleichzeitig wird so auch die Einladung zum Festschmaus ausgesprochen. Auch Misserfolg und Hunger werden auf diese Art kommuniziert und so die Mitmenschen zu Hilfe gerufen.

Außerhalb der Schutzzone sieht die Situation ganz anders aus. Riesige Urwaldflächen wurden gerodet, um Platz für Palmenplantagen zu schaffen. Die einst dort heimischen Orang-Utans wurden abgeschossen oder vertrieben. Auch die im Regenwald lebenden Menschen werden immer mehr ihrer Lebensgrundlage beraubt. Der Grund für diese rücksichtslose Ausbeutung ist der Ölhunger der Industrieländer. Dabei geht es nicht um Erdöl, sondern um Palmöl, das in vielen Lebensmitteln, aber auch in Kosmetika verarbeitet und auf riesigen Plantagen in Monokultur gewonnen wird.

Natur, Naturerleben und -wahrnehmung können nur im Kontext mit der jeweiligen Gesellschaft und deren Grundprinzipien gesehen werden.

Das Prinzip des Teilens ist schon seit langem von einem ökonomischen Egoismus abgelöst worden, der das Recht des wirtschaftlich Stärkeren in den Vordergrund stellt und die Kluft zwischen arm und reich immer größer werden lässt. Die Verschwendung von Rohstoffen und die Obsoleszenz von Produkten, bei deren Herstellung schon die beschränkte Lebensdauer eingeplant wird, sind nur zwei Indizien dafür, dass wir den Wert der Gaben, die uns die Natur schenkt, geringschätzen.

Wir haben die Natur über einen sehr langen Zeitraum wahrgenommen als losgelöst vom Menschen, als Mittel zum Zweck. Jetzt zeigt sich immer mehr, dass diese Einstellung zu einer Entwicklung geführt hat, die zum Scheitern verurteilt ist. Der Traum vom grenzenlosen Wachstum ist geplatzt. Zunehmende Umweltprobleme, die Plastikflut in den Meeren, die Verknappung von Rohstoffen, der Klimawandel und eine außer Kontrolle geratene globalisierte Wirtschaft sind Indikatoren für ein nahes Ende des vorherrschenden Systems. Nun hat auch Covid 19 gezeigt, dass die Globalisierung ihre Schattenseiten hat und die Abhängigkeit vom Billigproduktionsland China fatale Folgen haben kann, wenn es etwa um die Produktion von lebensrettenden Medikamenten oder medizinischer Schutzausrüstung geht.

Warum neigen gerade westliche Kulturen seit jeher dazu, die Natur auszubeuten und dabei immer weiter in noch intakte Räume vorzudringen? Es ist wohl der ausgeprägte Individualismus, das ungezügelte Besitzstreben, das ganze Völker in die Abhängigkeit geführt hat. Heute muss man zu diesem Zweck nicht persönlich vor Ort sein, sondern kann über wirtschaftlichen Druck oder entsprechende Anreize die einheimische Bevölkerung dazu bringen, ihr eigenes Land nach und nach zu zerstören und sich als billige Landarbeiter zu verdingen. Das System funktioniert meist über die Eliten, die das Land regieren und die auch wirtschaftlich am meisten von dessen Ausbeutung profitieren. Die Methoden reichen von Enteignung über Vertreibung bis hin zur physischen Vernichtung, wenn der Widerstand anhält. Das geschieht in vielen Ländern der Welt und betrifft viele indigene Völker in Südamerika, Asien und Afrika. Eine besonders perfide Form des modernen Imperialismus ist das sogenannte »land grabbing«. Finanzkräftige Investoren kaufen große Landflächen und sichern sich deren künftige Ausbeutung. Die einheimische Bevölkerung wird zu Fremden im eigenen Land, das seine Souveränität schrittweise verliert. Die Methode wird vor allem in Afrika praktiziert, wo sich Amerikaner, Chinesen und Europäer die hierarchischen Stammesstrukturen zunutze machen und sich auf Verhandlungen mit den Stammesfürsten oder Regierungsvertretern beschränken, ohne Rücksicht auf die breite Bevölkerung.

Wie Bettina Engels und Kristina Dietz von der FU-Berlin am Beispiel Äthiopien zeigen konnten, schrecken diese auch nicht vor Zwangsumsiedlungen zurück und begründen die Vorgangsweise mit Verbesserungen für die lokale Bevölkerung, die so besseren Zugang zu Bildung und medizinischer Versorgung bekäme.

Das Zusammentreffen von Umsiedlungen und der Vergabe von Flächen an Großunternehmen bezeichneten die äthiopischen Behörden als rein zufällig. Dabei geht es meist um landwirtschaftliche Nutzung, die von international tätigen Konzernen vorangetrieben wird. Die lokale Bevölkerung, die die Flächen als Weidegründe für ihr Vieh nutzt, wird von den Behörden oft nicht konsultiert, ja nicht einmal in Kenntnis gesetzt.

Dieser ungebremste Kapitalismus beschränkt sich allerdings nicht nur auf Entwicklungsländer. Auch in den österreichischen Tourismuszentren schießen immer mehr Hotels und Chaletdörfer aus dem Boden, die auf Investorenmodellen beruhen. Gerade in Niedrigzinszeiten ist das für finanzkräftige Personen, die vorwiegend aus dem Ausland kommen, eine ideale Möglichkeit, hohe

Renditen zu erzielen. Dabei werden die gesetzlichen Beschränkungen elegant umgangen und Geldflüsse über komplexe Finanzkonstrukte praktisch undurchschaubar gemacht. Die Folgen für die einheimische Bevölkerung zeigen sich vor allem in einer Verteuerung von Grund und Boden, der in den alpinen Tälern ohnehin schon sehr knapp geworden ist. Die Bürgermeister der betroffenen Gemeinden werden mit der Aussicht auf die Schaffung zusätzlicher Arbeitsplätze geködert, die dann in der Praxis meist von billigeren ausländischen Arbeitskräften besetzt werden.

Gleichgültig, ob es um die Erschließung von Erdölfeldern im Regenwald von Ecuador oder neuen Skigebieten in den Alpen geht, es sind die Gewinnsucht und die Gier einiger weniger Profiteure, die immer mehr ursprüngliche Natur zerstören. Sehr oft gibt es enge Verbindungen von Industrie und Politik. In Tirol wurde den Seilbahnern in den vergangenen Jahren fast jeder Wunsch nach Ausbau und Erweiterung der Skigebiete erfüllt und doch geben sie sich trotz der weltweit höchsten Seilbahndichte noch immer nicht zufrieden. Der Tourismus ist in meinem Land ein bedeutender Wirtschaftszweig und auch ein wichtiger Arbeitgeber. Allerdings hat man in den letzten Jahren den Bogen überspannt. Als die gesetzlichen Rahmenbedingungen mehrmals im Sinne der Seilbahn- und Tourismusindustrie abgeändert wurden und immer mehr Anträge auf Erweiterung und Zusammenschlüsse von Skigebieten eingebracht wurden, wurde es selbst der tourismusfreundlichen Tiroler Bevölkerung zu viel.

Für mich waren es die Pläne zum Zusammenschluss zweier kleinerer Skigebiete in der Nähe meines Wohnorts, die schließlich das Fass zum Überlaufen brachten.

Die Verbindung sollte über ein bisher weitgehend unberührtes Naherholungs- und Rückzugsgebiet, die sogenannten Feldringer Böden, führen. Das Gebiet liegt auf ungefähr zweitausend Meter Höhe. Drei neue Lifte und ein Gipfelrestaurant waren geplant. In ersten Gesprächen mit Menschen aus der Region stellte ich schnell fest, dass ich mit meiner Ablehnung nicht alleine war. So wagten meine Tochter und ich den Versuch, über eine Online-Petition auf der österreichischen Plattform »aufstehn.at« noch mehr Leute zu erreichen. Innerhalb weniger Tage sammelten wir mehrere Tausend Unterstützungserklärungen. In den betroffenen Gemeinden organisierten wir Veranstaltungen, um die Bevölkerung umfassend zu informieren, die bis dahin kaum über das Vorhaben Bescheid wusste.

Der zweite Schritt bestand in der Mobilisierung der Menschen im Lande. Eine große Hilfe dabei waren uns die alpinen Vereine, der Alpenverein und die Naturfreunde Tirol mit ihren Tausenden Mitgliedern. Sie platzierten das Thema in ihren Informationsmedien und stellten uns ihr Fachwissen in Belangen des Naturschutzes zur Verfügung. Dazu hatten wir schon sehr früh mit Presseinformationen begonnen und so eine große Anzahl von Bürgern erreicht.

Eine Bürgerinitiative entsteht aus der Unzufriedenheit von Menschen mit einer Entwicklung oder Entscheidung der jeweiligen Entscheidungsträger. Oft spielen auch Verlustängste eine Rolle, die Sorge um die eigenen Kinder und deren Zukunft. Emotionen sind immer daran beteiligt. Nicht selten sind Bauchentscheidungen den rein rationalen überlegen. Während Letztere vielfach von technokratischen und ökonomischen Überlegungen dominiert sind, umfassen Emotionen viele Aspekte des menschlichen Lebens und nehmen zukünftige Entwicklungen unbewusst vorweg.

Günter Funke, deutscher Theologe und Existenzanalytiker, fasst es so zusammen: »Denken kann das Fühlen nicht ersetzen. Der Verstand sollte beim Gefühl in die Lehre gehen und dessen Entscheidungen akzeptieren.«

Trotz wachsender Unterstützung in der Bevölkerung war es uns noch nicht gelungen, in das Zentrum der Entscheidungsträger, zur Landesregierung und zum Landeshauptmann vorzudringen. Mehrere Anfragen für einen Gesprächstermin blieben unbeantwortet. Als schließlich unsere Petition die Zahl von zehntausend Unterschriften überschritten hatte, erreichte mich ein Telefonanruf des Landeshauptmanns mit einem Terminangebot für ein Gespräch.

Höhepunkt des Widerstandes war eine Demonstration am Landhausplatz, dem Sitz der Tiroler Landesregierung, an der mehr als tausend Menschen aller Altersgruppen und aus allen Schichten der Bevölkerung teilnahmen. Später teilten mir viele Teilnehmer per E-Mail mit, dass sie das erste Mal das Gefühl hatten, man könne gemeinsam etwas bewegen und Veränderungen erreichen. Ein Achtzigjähriger ließ mich wissen, er habe noch nie so ein Gefühl von Solidarität und Zusammengehörigkeit erlebt.

Unter dem Eindruck dieses breiten Widerstands und wohl auch auf Anraten des Landeshauptmanns zogen die Betreiber ihren Antrag zurück. Das bedeutet, dass das Vorhaben für unbestimmte Zeit auf Eis gelegt wurde, die Feldringer Böden waren gerettet.

Ich erzähle die Geschichte auch deshalb so ausführlich, weil ich Menschen, die sich für die Natur einsetzen wollen, Mut machen möchte. Man hat immer wieder versucht, mir und meinen MitstreiterInnen die Aussichtslosigkeit unserer Bemühungen angesichts der politischen Übermacht der Befürworter vor Augen zu führen. Auch viele unserer UnterstützerInnen bezweifelten anfänglich, das Projekt verhindern zu können. Ich habe trotzdem immer an den Erfolg geglaubt und war zutiefst davon überzeugt, für die richtige Sache zu kämpfen. Der unerschütterliche Optimismus und die Gewissheit, dass man Menschen von einer Idee überzeugen kann, waren eine wichtige Voraussetzung für den Erfolg unserer Protestaktionen. Bei vielen Projekten stehen wirtschaftliche Interessen den Naturschutzbelangen entgegen. Während Erstere häufig mit öffentlichem Interesse begründet werden, in Wirklichkeit aber nur einigen wenigen Profiteuren dienen, hat der Naturschutz meist keine Lobby. Vielfach ist es auch ein System von Abhängigkeiten, das etablierte Systeme stützt. Gerade in ländlichen Gemeinden spielen die Bürgermeister eine wichtige Rolle bei Entscheidungen, die die Raumordnung und die Errichtung von Anlagen betreffen. Sie selbst stehen wieder in Abhängigkeit zur Landesregierung, auf deren Bedarfszuweisungen sie häufig angewiesen sind.

Nach diesem Erfolg stellte sich für unsere Initiative die Frage, wie es nun weitergehen sollte. Sollten wir unsere Organisation auflösen oder weitermachen? Schließlich kamen wir zu der Überzeugung, wachsam bleiben zu müssen, da das Projekt immer wieder aktiviert werden könnte. Außerdem wollten wir das mittlerweile große Ausmaß an Unterstützung und die Möglichkeit, viele naturbewegte Menschen über E-Mail und soziale Medien erreichen zu können, nicht ungenutzt lassen und so beschlossen wir, uns weiterhin mit bestimmten inhaltlichen und regionalen Beschränkungen für den Schutz der alpinen Natur einzusetzen.

Früher als erwartet, bot sich die Gelegenheit dazu. Diesmal lag das geplante Projekt eine Größenordnung über unserem ersten Anliegen. Zwei Täler, Pitztal und Ötztal, wollten ihre Gletscherskigebiete zusammenschließen und so das größte Gletscherskigebiet Europas schaffen. Drei bisher unerschlossene Gletscher sollten zu Pisten umgebaut und ein Nebengipfel sollte gesprengt werden, um Platz für eine Seilbahnstation zu schaffen. 750.000 Kubikmeter Gestein, Erde und Eis müssten bewegt werden, ein dreistöckiges Seilbahnzentrum sollte Platz für Bars und Restaurants für 1600 Gäste bieten. Mächtige Finanziers standen dahinter und auch die Landesregierung hatte dem etwa hundertachtzig Millionen Euro teuren Projekt ihre Zustimmung erteilt. Zudem war der Behördenweg schon weit fortgeschritten und die Genehmigung schien nur mehr eine Formsache. Die Betreiber hatten die wahren Dimensionen des Projekts bis zuletzt verschwiegen und es verharmlosend als »Gletscherehe« bezeichnet. Auch in der Bevölkerung hatte der geplante Gletscherzusammenschluss anfangs viele Befürworter, vor allem in den betroffenen Tälern. Dort erhofften sich die Bewohner eine Steigerung der Nächtigungszahlen und die Betreiber satte Gewinne mit den Gletscherbahnen.

Mit viel Überzeugungsarbeit und großer Unterstützung der Medien gelang es uns, den ideellen Wert einer archaischen Gletscherlandschaft aufzuzeigen und die zusätzliche Bedrohung dieser Eiszeitrelikte durch den Klimawandel zu thematisieren. Zu unserer ursprünglichen Allianz mit den alpinen Vereinen hatte sich nun auch der WWF dazugesellt und uns damit die Möglichkeit einer weltweiten Medienpräsenz eröffnet. Es war ein Foto des WWF, das weit über Europa hinaus Aufmerksamkeit auf sich zog. Es zeigte die routinemäßige »Bearbeitung« von Gletschern mit großen Schaufelbaggern, die Gletscherspalten auffüllen, um so den Gletscher für die Skisaison vorzubereiten. Das Foto weckt Emotionen, weil man unmittelbar erkennen kann, wie hier einer Urlandschaft Gewalt angetan wird. Zehntausende Skitouristen kennen nur die berauschend schöne Landschaft im Winter, wenn eine dicke Schneedecke gnädig die Narben bedeckt, die im Sommer sichtbar werden, hervorgerufen durch die alljährliche »Modellierung« der Pistenlandschaft durch schweres Gerät und mittels Sprengungen von Eis und Fels.

Auch diesmal wandten wir uns mit einer Petition an die Landesregierung, um diesen Gletscherumbau zu verhindern. Bald hatten wir wieder mehrere Tausend Unterschriften gesammelt. Als schließlich Deutschlands größte Tageszeitung die »Gipfelsprengung« auf die Titelseite setzte, brachen alle Dämme. Innerhalb von drei Tagen unterschrieben mehr als 50.000 Menschen unsere Petition, nach etwa sechs Wochen waren es mehr als 150.000. Das Medienecho war enorm und überwiegend projektkritisch. Das blieb nicht ohne Wirkung. Wenige Tage vor der entscheidenden Umweltverhandlung ersuchten die Betreiber um eine Terminverschiebung, angeblich um das Projekt »nachzubessern«. Für uns bedeutete dies einen Etappensieg, der uns in der Hoffnung bestärkte, das Schlimmste verhindern zu können.

Und dann brach die Corona-Pandemie wie ein Sturm über unser Land herein. Viele Touristen hatten sich in den Apres Ski-Bars der Tiroler Skiorte Ischgl, St. Anton und Sölden mit dem Virus infiziert und es nach Deutschland, Norwegen, Island, Schweden, England und Irland exportiert. Tausende Ansteckungsfälle ließen sich zu diesen Hotspots zurückverfolgen. Bald wurden Vorwürfe laut, man habe im Interesse des Tourismus und aus Gewinnsucht die Skiorte zu spät unter Quarantäne gestellt und dabei Druck auf die Landesregierung ausgeübt. Tatsächlich wird man wohl versucht haben, das letzte gewinnbringende Wochenende der verkürzten Wintersaison noch zu retten. Mit Sicherheit hat man die Auswirkungen damals unterschätzt.

Eine Kommission hat die Entscheidungen und Abläufe rund um Ischgl untersucht und ist zum Schluss gekommen, dass Fehler auf politischer Ebene und im Tourismusmanagement gemacht wurden. Der Imageschaden ist enorm und die Tourismusverantwortlichen arbeiten mit Hochdruck daran, ihn zu reparieren. Die Tirol-Werbung erhofft sich, dass es mit der Imagekampagne »Bergauf«, welche die Naturschönheiten Tirols in prächtigen Bildern darstellt, auch wirtschaftlich wieder bergauf geht. Mit dem neuen Bild von einem nachhaltigen und naturverbundenen Tourismus möchte man die zunehmend naturbewussten Urlauber zurückgewinnen, Begriffe, die man bisher kaum von dieser Seite vernommen hat. Wenige Wochen, nachdem das Schlimmste überstanden war und eine gewisse Normalität Einzug gehalten hatte, schien vieles wieder beim Alten. Die Tourismusmanager versuchten, in einer Art Doppelstrategie Großprojekte und Naturverträglichkeit unter einen Hut zu bringen, ein Versuch, der von vornherein zum Scheitern verurteilt ist.

Der Werbeslogan der österreichischen Wirtschaftskammern »Geht's der Wirtschaft gut – geht's uns allen gut« zielt vor allem auf die Sorge der Menschen um ihre Arbeitsplätze ab. In einer prosperierenden Gesellschaft kann die Verbesserung der Lebensqualität aber nicht durch eine weitere Steigerung des Einkommens erzielt werden, sondern nur durch die Verbesserung der Lebensumstände und der Umweltparameter, zu denen auch ganz wesentlich die Wohnqualität in einer intakten Umgebung mit ausreichend Erholungs- und Rückzugsräumen zählt. Wer neben einer Autobahn oder in einem von Beton und Asphalt dominierten städtischen Umfeld lebt, weiß, wie wichtig solche Ruhezonen sind. Nicht umsonst werden Wochenend-Zweitwohnsitze in ländlichen Regionen errichtet. Wer sich solchen Luxus nicht leisten kann, unternimmt Ausflüge in möglichst naturbelassene Gebiete, um sich vom Alltagsstress zu erholen. Immer mehr Menschen sehen ihre Vorstellung von einem guten Leben wohl besser in einer abgewandelten Form des Werbeslogans ausgedrückt: »Geht's der Natur gut – geht's uns allen gut.« Unser Schicksal kann nicht entkoppelt gesehen werden vom Schicksal der Natur bzw. des Planeten. »

Der deutsche Philosoph Gerhard Funke hinterfragt auch den Begriff »Wohlstand«: »Wir leben nicht im Wohlstand, sondern im Geld und das Geld kostet zu viel an Gesundheit, an Beziehung, an Werten. Das Geld frisst zu viel.« Er hält die These »wir lebten im Wohlstand« für einen Betrug. »Im Wohlstand leben wir schon lange nicht mehr. Wohlstand würde bedeuten, sich richtig wohl zu fühlen und nicht permanent Angst haben zu müssen, dass es weniger wird.« Das gilt wohl auch für die Ressourcen der Natur an Flächen, Landschaften, Lebewesen und Bodenschätzen.

Immer mehr junge Menschen erkennen, dass der eingeschlagene Weg in eine Sackgasse führt. Aufgewachsen im Wohlstand, oft als Einzelkind verwöhnt und verhätschelt, erleben sie, dass Glück und Lebensqualität nicht allein durch eine Steigerung des Konsums erreicht werden können. Ich habe bei vielen Vorträgen vor jugendlichem Publikum Idealismus und Solidarität erfahren, aber auch die Bereitschaft zu Verzicht.

Es ist das Recht der Jugend, auch radikale Wege des Protests zu beschreiten. Extinction Rebellion (XR) ist eine Umweltschutz-bewegung mit dem erklärten Ziel, durch Mittel des zivilen Ungehorsams Maßnahmen von Regierungen gegen das Massenaussterben von Tieren, Pflanzen und Lebensräumen sowie das mögliche Aussterben der Menschheit als Folge der Klimakrise zu erzwingen. Sie ging im Jahr 2018 von Großbritannien aus verschiedenen Vorläufergruppen hervor. Im März 2020 war sie bereits in 67 Ländern auf sechs Kontinenten vertreten. XR erlangte rasch durch organisierte Massenproteste, Flashmobs und Sitzstreiks ein weltweites Medienecho.

Die Aktivisten von XR wollen Druck auf die politischen Entscheidungsträger ausüben, damit diese wirksam gegen die Zerstörung von Lebensräumen vorgehen. Dies soll durch gewaltfreie Aktionen des zivilen Ungehorsams passieren.

Lokale Gruppen haben auch unsere Bürgerinitiative unterstützt, durch Transparente und Aktionen in den betroffenen Skigebieten, die großes Medieninteresse auslösten und so die Aufmerksamkeit auf unser Anliegen gelenkt haben.

Auch die Fridays for Future-Bewegung ist von einer noch sehr jungen Aktivistin ausgegangen und hat Politiker in aller Welt aufgerüttelt. Greta Thunberg ist mittlerweile eine vielfach ausgezeichnete Ikone des Klimaschutzes. Im Jahr 2020 hat die Corona-Krise den Schwung der weltweiten Bewegung etwas gebremst, es ist aber zu erwarten, dass die Aktivitäten nach Ende der Pandemie wieder aufgenommen werden.

In der Fachliteratur hat sich der Begriff der politischen Ökologie etabliert, der die intensive Verschränkung von gesellschaftspolitischen Entscheidungen und deren Auswirkungen auf die Umwelt beschreibt. Diese sind sowohl auf lokaler, regionaler, nationaler als auch auf globaler Ebene spürbar. Umweltkatastrophen sind nicht in erster Linie Katastrophen für die Umwelt, sondern werden nach ihren Auswirkungen auf die menschliche Gesellschaft bemessen. Einmal mehr steht also nicht die Natur, sondern der Mensch im Fokus.

Die Arroganz der menschlichen Spezies scheint auch nach mehreren fundamentalen Kränkungen ungebrochen. Nach Sigmund Freud haben wissenschaftliche Erkenntnisse das Selbstverständnis des Menschen in Form einer narzisstischen Kränkung erschüttert. Freud erkennt drei große Einschnitte, die das menschliche Bewusstsein erlitten habe.

Die kosmologische Kränkung erfolgte durch die von Kopernikus bewiesene Entdeckung, dass die Erde nicht der Mittelpunkt des Sonnensystems oder gar des Universums ist.

Die biologische Kränkung lag in der Entdeckung von Charles Darwin, dass der Mensch aus der Tierreihe hervorgegangen ist.

Die dritte Kränkung hat Freud selbst unserer Spezies beigebracht mit der von ihm entwickelten Libidotheorie des Unbewussten, in der er behauptet, dass ein beträchtlicher Teil des Seelenlebens sich der Kenntnis und der Herrschaft des bewussten Willens entziehe.

In jüngster Zeit ist noch eine weitere Zurücksetzung dazugekommen, die man als die genetische Kränkung bezeichnen könnte. Als in den frühen 2000er-Jahren das menschliche Genom entschlüsselt wurde, erwartete man Rekordwerte bezüglich der Anzahl der Basenpaare auf der DNA und der entsprechenden Gene. Die knapp 3,3 Milliarden Basenpaare werden von einfachen Eukaryoten wie einigen Amöben, aber auch von Urfarnen mit rund einer Billion Basenpaaren um ein Vielfaches übertroffen. Diese Arten enthalten allerdings einzelne Gene als tausendfache Kopien und lange, nicht proteincodierende Abschnitte. Vor der Bekanntgabe der Daten lagen die Schätzungen zwischen 100.000

und 200.000 Genen, die das komplexe Lebewesen Mensch ausmachen sollten. Tatsächlich hat man nur etwa 25.000 gefunden. Trotz all dieser Demütigungen gebärden wir uns, als gäbe es nichts Wichtigeres als Homo Sapiens. Selbst ein Blick in das endlose Weltall scheint nicht zu genügen, um uns Bescheidenheit einzuflößen. Wahrscheinlich wird auch die gegenwärtige Pandemie keinen nachhaltigen Einfluss auf das menschliche Selbstverständnis haben.

Das Konsumverhalten der Menschen hat sich in den vergangenen Jahrzehnten in Form einer steil ansteigenden Spirale entwickelt. Die Steigerung des Konsums und eine immer kürzer werdende Spanne der daraus gewonnenen Befriedigung führen in eine Sackgasse, aus der es kaum ein Entkommen gibt. Der österreichisch-US-amerikanische Film- und Theaterschauspieler Walter Slezak hat schon vor fast 100 Jahren formuliert: »Zu viele Leute geben Geld aus, das sie nicht haben, um Dinge zu kaufen, die sie nicht brauchen, um damit Leute zu beeindrucken, die sie nicht mögen.«

Seither hat sich vor allem das Niveau verändert. Hat man früher mit schöner Kleidung beeindruckt, braucht es heute schon teure Autos, eine Luxusvilla oder exklusive Fernreisen, um den Nachbarn zu beeindrucken.

Die immer kürzer werdende Periode, in der wir neu angeschaffte Produkte nutzen, führt zu einer ökologischen, langfristig aber auch zu einer ökonomischen Katastrophe. Die Industriestaaten versuchen, diese zu vermeiden, indem sie die Belastungen auslagern. Schon in den vergangenen Jahrhunderten wurden die Rohstoffquellen der Kolonien ausgebeutet, heute liefern wir unsere Abfallprodukte in diese Länder, wo sie meist unsachgemäß entsorgt werden.

Diese Vorgangsweise kann leicht zum Bumerang werden. Ein Beispiel dafür ist etwa die Praxis, Pestizide, die in der EU aus verschiedensten Gründen nicht erlaubt sind, in Nicht-EU-Länder zu exportieren, die weniger strenge Zulassungsbestimmungen für Insektizide und Herbizide aufweisen. Häufig handelt es sich dabei um Staaten, die als Agrarländer einen Großteil ihrer landwirtschaftlichen Produkte wieder in die EU liefern. So landen die Gifte letztlich doch wieder auf unseren Tellern.

Während sich die Zahl der Menschen und somit der Konsumenten in den vergangenen hundert Jahren mehr als verdreifacht hat, sind die Oberfläche der Erde und die vorhandene Menge an Rohstoffen gleich geblieben. Neue Technologien haben der Exploration und Ausbeutung neue Möglichkeiten eröffnet, aber die Ressourcen sind endlich. Auch in der Landwirtschaft konnte die Produktion von Agrargütern durch den Einsatz von Düngemitteln und Pflanzenschutzmitteln vervielfacht werden. Der Preis dafür sind Monokulturen und pestizidbelastete Lebensmittel.

Es wird eng auf unserem Planeten und damit steigt auch die Gefahr von Konflikten. Der Klimawandel wird diese noch erhöhen, wenn sich Millionen von Menschen auf den Weg machen, um den ariden Regionen zu entkommen, auf der Suche nach einem besseren Leben.

Die Politökonomin und Nachhaltigkeitswissenschaftlerin Maja Göpel bringt es auf den Punkt, wenn sie die Problematik Mensch – Natur folgendermaßen beschreibt (»Die Welt neu denken«, Ullstein 2020):

In unserem Verhältnis zur Natur zeigt sich die ganze Anmaßung menschlichen Wirtschaftens. Indem der Mensch die natürlichen Systeme seinem Bedarf unterwirft, reduziert er ihre Vielfalt, macht sie verletzlicher und braucht einen immer größeren Aufwand, um sie zu stabilisieren. Menschliche Systeme sind nicht nachhaltig und müssen notgedrungen zusammenbrechen, wenn wir nicht lernen, sie umzubauen.

Natur und Spiritualität

Es ist eine dieser lauen Augustnächte, wie sie in unseren Breiten nicht allzu oft vorkommen. Nur an wenigen Abenden im Jahr kann man in den Büschen und Sträuchern das Blinken der Glühwürmchen beobachten, mit dem sie selbst in tiefster Dunkelheit ihre Partner finden. Heute ist die Nacht noch dunkler als sonst, es ist Neumond und es ist ein ganz besonderes Schauspiel vorhergesagt, das sich jährlich wiederholt. In der Wiese neben meinem Haus stört keine Straßenlaterne und keine Hausbeleuchtung die Finsternis. Der Auftritt der Perseiden, ein Meteorschauer mit bis zu zwanzig Sternschnuppen in der Stunde, zieht mich in seinen Bann.

Ich weiß nicht, wie lange ich schon auf den Sternenhimmel starre, als es plötzlich wieder da ist, dieses lang vermisste Gefühl, das sich so schwer beschreiben lässt und so vergänglich ist. Man erkennt plötzlich, wie klein der Mensch ist angesichts des unendlichen Weltalls. Man fragt sich, woher kommt das alles, welche Bedeutung hat es? Die Frage bleibt unbeantwortet und trotzdem beschleicht einen die Ahnung, dass es etwas Großes sein muss, das aus sich selbst entstanden ist. Für einen Augenblick werde ich von einem wohligen Schauer erfasst und habe den Eindruck, kurz über den Rand des Bewusstseins zu blicken. Ich fühle mich mit dem Universum verbunden in einer Art kosmischer Liebe. Das Gefühl ist äußerst flüchtig und so sehr ich mich auch bemühe, es gelingt mir nicht, es wieder zum Leben zu erwecken. Und doch wirkt es nach, oft über Tage und Wochen hält die Erinnerung an, bevor sie allmählich verblasst.

Schon seit jeher sind Menschen in Verzückung geraten angesichts der großartigen Naturerscheinungen, insbesondere des nächtlichen Sternenhimmels. In vielen Naturreligionen gelten alle Dinge als beseelt, sie müssen mit dem größten Respekt behandelt werden. Völker, die in ihrer Lebensweise eng mit der Natur verbunden sind, betrachten auch die unbelebte Natur als Teil ihrer spirituellen Welt.

Sie sehen jeden noch so kleinen Teil der Welt als einen ehrfurchtgebietenden Kosmos, der mit dem Begriff der Seele in den Weltreligionen vergleichbar ist. Für sie ist die spirituelle Welt die eigentliche Realität. In vielen ursprünglichen Kulturen stellen Schamanen in teilweise aufwendigen Zeremonien die Verbindung zur spirituellen Welt her. Bei den Colorado-Indianern in Ecuador hatte ich Gelegenheit, an einer solchen Sitzung teilzunehmen. Trotz meiner eher nüchternen und naturwissenschaftlich geprägten Grundhaltung, gepaart mit einer gehörigen Portion Skepsis, konnte ich mich der Stimmung nicht ganz entziehen, die sich im Raum breitmachte, als sich der Schamane in einen tranceähnlichen Zustand versetzte und jeden einzelnen der Anwesenden in sein Zeremoniell mit einbezog. Der Norweger Alio Gaup, ein Schamane aus dem Volk der Samen, beschreibt die Verbindung von Natur und Spiritualität in einem seiner Gedichte so: »Flüstere zu den Felsen, in dem Versteckten lauscht etwas, nimmt das Wort entgegen, führt es weiter und vollendet es.«

In archaischen Gesellschaften gab es die Trennung von Geist und Materie noch nicht, auch nicht die Unterscheidung in belebte und unbelebte Natur. Alle Dinge waren beseelt.

Pflanzen, Tiere und Menschen wurden als Teile eines gemeinsamen Ganzen wahrgenommen. Anna Voigt und Nevill Drury zitieren in ihrem Buch »Das Vermächtnis der Traumzeit« (1998) eine Aborigina: »Wir sitzen oder liegen am Boden mit dem Empfinden, einer mütterlichen Kraft nahe zu sein. Es ist gut für die Haut, die Erde zu berühren, mit bloßen Füßen auf der Erde zu wandern. Der Boden ist besänftigend, stärkend, reinigend, heilend. Am Boden zu sitzen oder zu liegen, ermöglicht es uns, tiefer zu denken und stärker zu fühlen; wir erkennen die Mysterien des Lebens klarer und fühlen uns anderen Lebensformen um uns herum verwandt.«

Die griechische Mythologie beschreibt die Verbundenheit des Menschen mit Mutter Erde in der Gestalt des Riesen Antaios. Er war der Sohn des Poseidon und der Gaia und von nahezu unbezwingbarer Stärke. Er pflegte alle vorbeiziehenden Reisenden zu Zweikämpfen zu zwingen, die er stets gewann. Aus den Schädeln der Unterlegenen fertigte er für seinen Vater Poseidon einen Tempel. Antaios lebte in seiner Höhle oder in der lybischen Stadt Tingis, die er einst selbst errichtet haben soll. Er jagte Löwen, die er verspeiste, und sogar Einwohner seines Landes. Als der Held Herakles auf den Riesen traf, wurde auch er von Antaios zum Kampf herausgefordert; es war ein ungleicher Kampf, da Antaios immer wieder aus der Erde neue Kraft erhielt. Herakles erkannte während des nahezu aussichtslosen Kampfes, dass die Stärke des Riesen von seiner Mutter Gaia, der Erde, kommen musste, hob ihn weg von der Erde in die Luft und erwürgte den seiner Kräfte beraubten Antaios.

Auch bei nüchterner Betrachtung ist unsere Welt voll von metaphysischen Phänomenen, die sich nicht so ohne Weiteres mit Hilfe der Naturwissenschaft erklären lassen. Schon der Ursprung des Begriffs Metaphysik (griechisch μετά metá »danach«, »hinter«, »jenseits« und φύσις phýsis »Natur«, »natürliche Beschaffenheit«) weist auf die grundlegenden Fragen des Menschen jenseits der sinnlichen Wahrnehmung hin, auf die ewige Frage nach dem Sinn und Zweck der Realität und allen Seins.

Die Suche nach Sinn ist ein fundamentales Bedürfnis jedes Menschen. Wir können die Sinnhaftigkeit der menschlichen Existenz nur in Verbindung mit der Realität unserer Umwelt, unseres Planeten und des Universums erahnen.

Das Erleben des Eins-Seins mit seiner Umgebung, der belebten und unbelebten Natur, als gleichwertiger Teil des Ganzen, nicht als Beherrschender, ist eine sehr tiefe Erfahrung.

Eine Wanderung in unverfälschter Natur, das Staunen über die Schönheit unserer Erde, der Blick zum nächtlichen Sternenhimmel, all das kann in hohem Maße befriedigend und sinnstiftend sein. Der moderne Mensch hat vielfach die emotionale Bindung zu Mutter Erde verloren und sich ihr dadurch entfremdet. Dieses Buch möchte Möglichkeiten aufzeigen, wie man diese Bindung wiederherstellen kann und sich damit eine Fülle von intensiven Erlebnissen erschließt. Die Natur selbst fragt nicht nach dem Sinn, sie genügt sich selbst. Vielleicht können wir daraus auch etwas für unser eigenes Leben lernen.

Beobachtet man, wie sich das Leben seit seiner Entstehung vor fast vier Milliarden Jahren bis heute entwickelt hat, so stellt man fest, dass die Lebensformen zunehmend vielfältiger und komplexer wurden. Es scheint so, als hätte die zunehmende Komplexizität der Materie und ihrer Teilchen schließlich zu jenen molekularen Bausteinen geführt, die am Anfang des Lebens standen. Je größer die Anzahl der Teilchen, umso ausgeprägter ist auch ihr Drang zur Selbstorganisation, ein Mechanismus, der vielfach Gegenstand moderner Forschung ist. Zweifellos wurde mit dem Zusammenschluss von Einzellern zu größeren Zellverbänden und deren zunehmender Differenzierung auch eine neue Entwicklungsstufe erklommen. Wann und wie schließlich spezialisierte Zellen ein Gehirn geformt und das Bewusstsein hervorgebracht haben, lässt sich wohl nicht exakt nachvollziehen. Dass schließlich mit dem Menschen die vorläufig höchste Stufe der Spezialisierung erreicht wurde, ist das Ergebnis einer Entwicklung, die nicht kontinuierlich, sondern oft in sprunghaften Veränderungen ablief.

Für mich steht außer Zweifel, dass kognitive und spirituelle Entwicklung unmittelbar auch eine materielle Basis haben. Es ist die Interaktion von Teilchen und Zellverbänden, die äußerst komplexen Gesetzmäßigkeiten folgt und schließlich jene geistigen Höchstleistungen hervorbringt, die wir gerne als menschliche Kultur bezeichnen. Die Gehirnforschung hat immer mehr rationale, aber auch emotionale Merkmale von Lebewesen als neuronale Prozesse entschlüsselt. Das mindert in keiner Weise die Faszination und den spirituellen Charakter des Lebens, der sich nach meinem Empfinden keineswegs auf den Menschen beschränkt.

Viele Menschen glauben an die Existenz von Kraftorten und magischen Plätzen. Oft ihrer ursprünglichen religiösen Bedeutung beraubt, haben sie heute als touristische Ziele nichts von ihrer Anziehungskraft verloren. Meist handelt es sich um Kultplätze aus vorchristlicher Zeit, denen eine besondere Wirkung auf die menschliche Psyche zugeschrieben wird.

Es gibt sie wirklich, die Orte, an denen man sofort eine besondere Aura spürt, die einen gefangen nimmt und die ein Gefühl der Geborgenheit und des Angekommenseins vermittelt.

Ich habe viele solcher Orte kennengelernt, auf der ganzen Welt, aber auch direkt vor meiner Haustüre. Meist sind es besonders schöne Landstriche, Berge, Wälder, Seen oder Meeresküsten. Immer aber handelt es sich um ursprüngliche, oft archaische Landschaften, häufig weit weg von der Zivilisation. Kein noch so gepflegter Park und auch kein künstlicher See kann den Zauber einer oft uralten Naturlandschaft vermitteln. Es muss keine spektakuläre Kulisse sein, die uns in diese besondere Stimmung versetzt. Oft sind es stille, unscheinbare Plätze, die Ruhe und Harmonie ausstrahlen.

Das Verlangen, hier zu verweilen und immer wieder hierher zurückkehren zu wollen, ist ein starkes Indiz, dass man seinen persönlichen Kraftort gefunden hat. Er entfaltet seine Wirkung am besten, wenn man ihn alleine oder in Begleitung eines lieben Menschen aufsucht. Kraftorte heißen wohl so, weil man hier Energie tanken, Alltagsballast abwerfen und zu sich selbst finden kann.

Ihre Wirkung ist oft von den äußeren Bedingungen abhängig. So habe ich den Lorbeerwald auf der kleinen Kanareninsel La Gomera einmal in mystischen Nebel gehüllt erlebt und war regelrecht verzaubert. Die von der Nässe der feuchten Luft triefenden Baumbärte der uralten Lorbeerbäume wirkten wie aus einer anderen Welt. Der Wald ist ein Relikt aus dem Tertiär, also aus einer Zeit vor etwa 30 Millionen Jahren und bedeckte ursprünglich die ganze Insel. Man spürt diese Aura der Ursprünglichkeit und die knorrig gebogenen Stämme haben etwas Urzeitliches an sich. Tags darauf, bei strahlend schönem Wetter, ist der Zauber wie weggeblasen.

Wir fühlen uns eng mit dem Element Wasser verbunden. Ein verwunschener kleiner See, ein rauschender Gebirgsbach oder eine versteckte Bucht am Meer können eine starke Anziehungskraft ausüben. Die Entscheidung, welche Landschaften wir als schön empfinden, hängt eng mit der Frage zusammen, wie weit diese unser Überleben sichern. Diese »evolutionäre Ästhetik« ist tief in unserem Bewusstsein verankert. Wasser ist für uns von essenzieller Bedeutung, deshalb beurteilen wir Landschaften mit Wasser positiver als trockene Regionen. Wasser ist Leben. Das Glitzern der Wasseroberfläche hat sich so weit in unser Unbewusstes eingebrannt, dass glänzende Oberflächen, etwa von Kristallen, unser Interesse und Wohlgefallen hervorrufen. Der amerikanische Meeresbiologe Wallace J. Nichols hat den Begriff »Blue Mind« geprägt und beschreibt so den Zustand der Entspanntheit, in den uns Wasser bringt. Unser Nervensystem reagiert auf den Anblick oder die Geräusche von Wasser. Selbst das Plätschern eines Springbrunnens kann beim Einschlafen helfen. In Spitälern und Kliniken hat man die beruhigende Wirkung von Bildern und Fotografien vom Ozean erkannt.

Über eine lange Zeit war es für mich unvorstellbar, nicht zumindest einmal im Jahr ans Meer zu fahren. Es waren nicht die überlaufenen Strände der Tourismuszentren, die mich anzogen, sondern die menschenleeren, oft abgelegenen Küstenabschnitte. Die immer wieder kehrende Brandung mit ihrem ewig gleichen Rhythmus, der etwas beruhigend Beständiges, Unveränderliches an sich hat, als wäre die Zeit stehen geblieben.

Aber auch das offene Meer hat eine magische Anziehungskraft, die schon seit Jahrhunderten Seefahrer zu oft waghalsigen Expeditionen inspirierte. Seine Weite und Unermesslichkeit hat mich schon oft in ihren Bann gezogen, besonders dann, wenn auf einem Segeltörn mit Freunden die Küste nach allen Seiten längst nicht mehr sichtbar war. Manchmal haben wir uns dann bei fast vollständiger Windstille einfach von den Wellen schaukeln lassen und den Blick auf den Horizont gerichtet, der unermesslich fern schien, Momente einer ganz großen Ruhe und Gelassenheit.

Einen besonderen spirituellen Einfluss scheinen Wüstenlandschaften auf unseren Geist auszuüben. Nicht umsonst haben die großen monotheistischen Religionen ihren Ursprung in dieser menschenleeren Landschaft mit ihren stark reduzierten Strukturen. Wo kaum ein Anzeichen von Leben unsere Aufmerksamkeit fordert, konzentriert sich unser Bewusstsein auf uns selbst und die Grundfragen unserer Existenz. Ein Sonnenaufgang am Mosesberg der Sinai-Halbinsel mit einem Blick in eine scheinbar unendliche Abfolge von Gebirgsketten, die sich allmählich im blauen Dunst verlieren, lässt mich erahnen, welche Gottesnähe die großen Propheten in dieser einzigartigen Umgebung erlebt haben.

In der Namib, der ältesten Wüste unseres Planeten habe ich die Ästhetik von Dünenlandschaften erlebt, ihre elegant geschwungenen Kämme und die sich unter dem Einfluss des Windes ständig verändernde Gestalt. In der Senke von Sossus Vlei regt sich Leben. Bäume, die aus dem Sand ihre Äste in den Himmel recken. Seltene Niederschläge, in manchen Jahren auch Schnee, machen dieses kleine Wunder möglich.

Eine ähnliche Anziehungskraft üben auch die Hochebenen im Gebirge aus. Hoch über dem Talboden, der Hektik des Alltags entrückt, ist eine ungewohnte Gelassenheit spürbar und man fühlt sich nur dem Augenblick verpflichtet.

Eine Wanderung über die Schottischen Highlands mit ihren vielen Seen und Lochs oder die weiten Lavafelder Islands ist ein unvergessliches Erlebnis. Die Abgeschiedenheit und die scheinbar unendliche Distanz zur Zivilisation machen den besonderen Reiz aus. »The Great Wilderness« nennt sich eine Region in den schottischen Highlands. Die heute fast menschenleere Region wurde vor hundert Jahren regelrecht entvölkert, als die Gutsherren den Platz für ihre Schafe in Anspruch nahmen und die Menschen zum Abwandern zwangen.

In Island bildeten die unwirtlichen Hochebenen die letzte Zuflucht für jene verurteilten Gesetzesbrecher, die von der jährlichen Volksversammlung der Wikinger in Thingvellier als Geächtete für vogelfrei erklärt worden waren. Es war unter Androhung der Enteignung von allem Besitz verboten, ihnen Hilfe anzubieten. Trotzdem konnte einer der Verurteilten mehr als sechzehn Jahre in dieser unwirtlichen, rauen Gegend überleben. Es gibt auf der Insel viele magische Plätze. Nicht umsonst ist in Island der Glaube an Elfen und Feen weit verbreitet. Es wurde schon der Verlauf von Straßen umgeplant, weil die offizielle Elfenbeauftragte des Landes, Erla Stefánsdóttier, der Meinung war, dass diese die Fabelwesen stören könnten. Ihre Lebensphilosophie überzeugt nicht nur Isländer: »Wenn wir uns selbst in einen harmonischen Zustand versetzen und für einen Moment eine Pause von der Hektik des modernen Lebens einlegen wollen, dann müssen wir versuchen, die Tür zu unseren Seelen zu öffnen und die universelle Kraft des Lebens betrachten, das Bewusstsein, welches in allen Dingen ruht.« Dann, so Stefánsdóttier, würde der Mensch sich »mit allen lebenden und natürlichen Wesen in Einklang befinden und Energie, Licht und Freude für sein Leben gewinnen.«

Auch in meiner Heimat bieten viele Hochplateaus, oft von schroffen Felsen umrahmt, eine Kulisse wie aus der Urzeit ihrer

Entstehung. Oft entfliehe ich nur für ein paar Stunden dem Alltag, um auf den Feldringer Böden, nur zwanzig Autominuten von meinem Haus entfernt, herumzuwandern und Kraft zu tanken. Schon diese kurze Zeit reicht, um einen Tag mit Sinn und innerer Befriedigung auszufüllen.

Das wenig anstrengende Wandern über die Hochfläche hat eine unverkennbar kontemplative Wirkung. Sind es am Anfang noch die Alltagsgedanken, die einen begleiten und die an die Oberfläche drängen, gelingt es meist schon nach kurzer Zeit, alles Belastende abzustreifen und sich auf die Schönheit der Umgebung einzulassen. Bald wird der Kopf frei und man befindet sich im Hier und Jetzt, losgelöst vom Gewicht der sonst allgegenwärtigen Sorgen. Das überzogene Konto oder der Streit mit dem Partner verlieren sich diffus im Nebel der Erinnerung und machen einem allgemeinen Wohlgefühl Platz. Der grenzenlose Himmel über einem vermittelt ein Gefühl der Freiheit und Präsenz in Zeit und Raum, der Zugehörigkeit und des Sich-Geborgen-Fühlens.

Dass ich mit diesen Erfahrungen nicht alleine bin, wurde mir von vielen Menschen bestätigt, denen ich auf meinen Wanderungen begegnete. Nicht selten erlebe ich spontane Sympathie- und Dankesbezeugungen für den Einsatz unserer Initiative zur Rettung dieser Landschaft, die akut von Erschließungsbestrebungen der Seilbahnlobby bedroht war.

Moorlandschaften sind magische Orte von besonderer Schönheit, die es leider nur mehr sehr selten gibt. Die meisten wurden entwässert und in landwirtschaftliche Nutzflächen umgewandelt. Oder sie dienten für die Gewinnung von Torf, der als wasserbindender Zusatz in den meisten Garten- und Blumenerden enthalten ist. Dort, wo die Moorlandschaft noch in ihrer Ursprünglichkeit vorhanden ist, übt sie eine ungeahnte Faszination aus. Hier findet man eine ganz besondere Flora, die auf diesen extrem nährstoffarmen Böden einem permanenten Überlebenskampf ausgesetzt ist. Die Ursache für den Mangel ist der hohe Säuregehalt, der die lebenswichtigen Spurenelemente in für deren Wurzeln unerreichbare Tiefen ausschwemmt. Für viele Bäume endet das Wachstum bei zwei bis drei Metern Höhe und sie sterben ab, ihre kahlen Stämme bilden eine schaurig schöne Kulisse. Manche Pflanzen haben gelernt, ihren Stickstoffbedarf mit tierischer Nahrung aufzubessern. So fängt der unscheinbar kleine Sonnentau mittels der klebrigen Fortsätze an seinen Blüten Insekten und verdaut sie mit enzymreichen Sekreten.

Ein besonderes Phänomen der Moorlandschaften sind die Irrlichter, die schon so manchen nächtlichen Wanderer ins Verderben gelockt haben sollen. Nüchtern betrachtet handelt es sich um ein chemisches Phänomen, das man Phosphoreszenz nennt. Dabei reagiert der in morschen Baumstämmen vorhandene Phosphor mit dem Sauerstoff der Luft und gibt dabei ein fahles Licht ab, das man durchaus für die weit entfernte Lichtquelle einer menschlichen Behausung halten könnte.

Eine besonders eindrucksvolle Erfahrung habe ich in einer Hochmoorlandschaft im südlichen Norwegen erlebt. Ein Freund hatte mich und meine Familie zu einer von ihm so bezeichneten Elchsafari eingeladen. Unsere einzigen Waffen waren Feldstecher und Teleobjektiv. Anfangs war ich sehr skeptisch bezüglich der Erfolgsaussichten eines solchen Unterfangens. Es schien mir eher unwahrscheinlich, dass die Elche auf ein paar neugierige Touristen warten sollten. Doch mein Freund ist Jäger und kannte die Plätze, wo sich die imposanten Tiere in den Abendstunden einfinden. Von unserem abgelegenen Ferienhaus an der Küste, mussten wir zuerst mit dem Boot eine kleine Bucht und dann zu Fuß eine Hügelkette überwinden, bis wir eine befahrbare Straße erreichten. Hier wartete mein Freund mit einem Geländewagen auf uns. Nach einer etwa zweistündigen Fahrt, die Kinder waren längst eingeschlafen, erreichten wir das Hochland. Es war inzwischen dunkel geworden und nur das schwache Licht des Mondes beleuchtete eine wahrhaft urtümliche Szenerie. Unterhalb des schmalen Weges, an dem wir unser Fahrzeug angehalten hatten, breitete sich eine Lichtung aus. Schwere Nebelschwaden zogen über den moorigen Boden und gaben nur selten den Blick auf den Grund frei. Aus dieser Nebelsuppe ragten wie Urzeitwesen die Köpfe mehrere stattlicher Elche, während sich der Rest ihrer massigen Körper im milchigen Weiß des Nebels verlor. Selten hat mich eine Szene so in ihren Bann gezogen. War das alles real und Teil der Jetztzeit? Jegliche Müdigkeit war wie fortgeblasen und wich einem ungläubigen Staunen. Noch heute, Jahrzehnte später, kann ich jedes Detail in meiner Erinnerung abrufen.

Eine ähnlich urtümliche Landschaft ist der Paramò, eine baumlose Hochlandsteppe nahe dem Äquator in den Anden zwischen 3800 und 4700 Meter Meereshöhe. Der Boden scheint hier nur aus Vegetation zu bestehen und man glaubt, regelrecht darin zu versinken. Da das Pflanzenwachstum sich auf dieser Höhe sehr langsam vollzieht, sind die meisten Pflanzen uralt. Trotzdem erreichen manche von ihnen eine erstaunliche Höhe. Die Blütenstände der Puya, einer Bromelienart, ragen mehrere Meter empor. Jedes dieser Gewächse braucht vom Samen bis zur Blüte etwa hundert Jahre und stirbt nach der Samenbildung. Man fühlt die Energie und den Überlebenswillen dieser Pflanzen, die heftigen Stürmen und täglichen Temperaturschwankungen von etwa +10 bis −10 Grad standhalten müssen. Hier wird deutlich, wie zäh und anpassungsfähig das Leben ist.

Manchmal stelle ich mir auf einem Waldspaziergang vor, ich würde all das, was mich umgibt, zum allerersten Mal sehen, mit frischen, unvoreingenommenen und nicht von Erinnerungen geprägten Gedanken. Wie würde ich wohl diese merkwürdigen, dem Boden entwachsenen, viele Meter hoch aufragenden Gebilde mit ihren vielen Verästelungen und den grünen Fortsätzen an ihren Enden wahrnehmen. Welche Eindrücke würde der Anblick eines scheuen Waldbewohners, einer Eule oder eines Rehs in mir auslösen. Vielleicht wäre mein Empfinden ähnlich wie beim

Ansehen eines Fantasyfilms, überrascht, magisch und fasziniert. Offensichtlich ist uns diese Faszination etwas abhanden gekommen in unserer doch eher nüchternen Zeit. Oft wurde und wird behauptet, dass die Naturwissenschaften der Natur ihren Zauber nehmen. Meine Erfahrung bestätigt genau das Gegenteil. Einerseits gewähren die Naturwissenschaften ungewöhnliche Einblicke in die Natur und ihre Gesetzmäßigkeiten, andererseits tun sich mit jedem gerade entschlüsselten Rätsel neue Fragen auf. Für mich war das Interesse an der Natur, am Leben und seinen vielfältigen Prozessen ausschlaggebend für meine Studienwahl und bis heute, in meinem beruflichen Ruhestand ist dieses Interesse ungebrochen.

Wir müssen wieder neugierig werden, bereit sein, Dinge neu wahrzunehmen und einzuordnen. Wer glaubt, es sei schon alles erforscht, alles bekannt, der irrt gewaltig. Unser Planet ist noch voller Überraschungen und darüber hinaus eröffnet uns die Technik die Möglichkeit, immer weiter hinauszuschauen in die Weiten des Kosmos und dabei immer weiter zurück in die Vergangenheit, zu den Anfängen unseres Universums, dessen Alter die Wissenschaft auf etwa 13,6 Milliarden Jahre schätzt. Der Blick durch ein Hochleistungsteleskop reicht nahezu 13 Milliarden Jahre zurück, als der Weltraum noch sehr dünn mit Galaxien besetzt war. Zweifellos ist der Weltraum ein magischer Ort und eine Sternwarte oder ein Planetarium kann uns diesem ein gutes Stück näher bringen.

Unsere spirituelle Verbindung mit Mutter Erde ist vielleicht inniger und intensiver als wir moderne Menschen das glauben möchten. Schließlich stammt jedes einzelne Atom in unserem Körper aus der gleichen kosmischen Quelle, die auch die Gebirge, Flüsse und Meere unseres Planeten hervorgebracht hat.

Magische Orte entfalten ihre Wirkung in unseren Gedanken und Empfindungen, die Umgebung ist meist nur der Impuls für dieses intensive Naturerlebnis, das uns ungemein bereichern kann.

Die vier Elemente

Nach der Vier-Elemente-Lehre des Aristoteles besteht alles Stoffliche aus einer Mischung der vier Grundelemente »Erde«, »Wasser«, »Luft« und »Feuer« als Prinzipien des Festen, Flüssigen, Gasförmigen und Glühend Verzehrenden. Obwohl diese Vorstellung von der Zusammensetzung der Materie klar im Widerspruch zu den modernen wissenschaftlichen Erkenntnissen steht, hat sie doch über zwei Jahrtausende nichts an Faszination verloren. Das mag an ihrer Einfachheit liegen und an der Nähe zu unserer Alltagserfahrung. Auch haftet ihr etwas Mystisches an, das vielleicht noch aus der Zeit der Alchemie stammt.

Erde steht im übertragenen Sinn für alles Feste, für die Mineralien, die Gesteine und die Metalle. Erde kann aber auch im wörtlichen Sinn verstanden werden als jene Mischung aus organischen und anorganischen Stoffen, die als Grundlage des pflanzlichen Wachstums und damit als Basis des Lebens angesehen wird. Pflanzen besitzen als einzige Lebewesen die Fähigkeit, aus toter anorganischer Materie organische Stoffe herzustellen, die wiederum tierischen Organismen als Nahrung dienen. Die wichtigste chemische Reaktion dieser als Autotrophie bezeichneten Fähigkeit ist die Photosynthese, bei der aus Kohlendioxid und Wasser mittels Sonnenlicht Zucker und Sauerstoff gebildet werden. Versucht man diese Reaktion im Reagenzglas durch einfaches Einleiten von Kohlendioxid in Wasser nachzuahmen, erhält man lediglich Kohlensäure, wie man sie aus vielen Erfrischungsgetränken kennt. Das Geheimnis der Photosynthese liegt in der Wirkung von Katalysatoren, die viele chemische Reaktionen bei sehr milden Bedingungen, niedrigen Temperaturen, normalem Luftdruck und wässrigen Lösungen erst möglich machen. Chlorophyll, der grüne Blattfarbstoff ist wohl der bekannteste unter ihnen. Es ermöglicht die direkte Nutzung des Sonnenlichts für chemische Umsetzungen, die oft über Hunderte Einzelschritte ablaufen bis schließlich die Endprodukte vorliegen. Was primitive Einzeller vor mehr als zwei Milliarden Jahren erfunden haben, ist trotz intensiver Forschung bis heute nicht in allen Einzelheiten geklärt. Die Chemie der Natur ist unserer industriellen Chemie haushoch überlegen. Sie setzt auf energie- und ressourcenschonende Abläufe und vor allem auf Kreislaufprozesse, in denen die Produkte nach ihrer Verwendung rasch wieder in die Ausgangsstoffe zerlegt werden. Nichts geht verloren.

Fruchtbare Erde ist ein Mikrokosmos für sich. In einem Teelöffel davon leben mehr Mikroorganismen als Menschen auf der Erde. Sie verbessern die Bodenqualität und stellen wichtige Nährstoffe zur Verfügung. Man kann sie an ihrer Atmung erkennen. Wie wir Menschen auch, atmen die meisten von ihnen Sauerstoff ein und Kohlendioxid aus, das mit einfachen Messmethoden bestimmt werden kann. Durch die Bearbeitung von Böden verändert sich die Bodenatmung. Die Zahl der Mikroorganismen im gesunden Acker- oder Wiesenboden ist etwa zwanzigmal höher als jene in einer Bodenprobe von einer Skipiste, die mit schwerem Gerät verdichtet wurde.

Reine Feststoffe, die nur aus einer Teilchenart bestehen, besitzen beeindruckende Eigenschaften, deren auffälligste ihre kristalline Ordnung ist. Schon mit freiem Auge sind die ebenen Flächen größerer Kristalle zu erkennen, die einem strengen geometrischen Muster folgen. Sie beeindrucken durch ihre Vielfalt, ihren Glanz und unterschiedliche Farben, die oft die Folge von winzigen Verunreinigungen sind. Taucht man in die atomare Welt in ihrem Inneren ein, so zeigt sich eine regelmäßige Anordnung der Teilchen, die sich über den ganzen Kristall erstreckt. Heute ermöglichen Computermodelle, diese Kristallgitter in dreidimensionaler Darstellung zu studieren.

Die kristalline Ordnung bestimmt ganz wesentlich die Stoffeigenschaften. So bestehen das härteste Mineral und jenes, das am unteren Ende der Härteskala steht, aus ein und demselben Element, Kohlenstoff.

Der Diamant verdankt seine Härte der tetraedrischen Anordnung der Kohlenstoffatome, also dem hochsymmetrischen Aufbau einer gleichseitigen Pyramide. Denselben Grundbaustein verwenden auch organische Moleküle in ihren langen und vielfach verzweigten Ketten. Neben der Härte zeichnet den Diamanten auch sein »Feuer« aus, der durch seine starke Lichtbrechung hervorgerufene Glanz, der erst im geschliffenen Brillanten zur vollen Entfaltung gelangt. Das alte Maß, mit dem die Größe beziehungsweise die Masse von Schmuckdiamanten angegeben wird, ist das Karat. Der Begriff stammt aus dem Arabischen und bezeichnet den Samen des Johannisbrotbaums mit seiner ziemlich konstanten Masse von 0,2 Gramm, der in historischer Zeit als Gewichtsmaß verwendet wurde. Der größte je gefundene Rohdiamant mit 3100 Karat ist der Cullinan-Diamant, der in Südafrika entdeckt wurde. Er wurde in Amsterdam gespalten. Dabei musste der Cutter nach monatelangen Studien genau jene Kristallachsen treffen, entlang derer der Kristall spaltbar ist. Bei einem Fehlschlag wäre der wertvolle Stein in viele, kaum verwertbare kleine Bruchstücke zerfallen. Kein Wunder also, dass bei dieser Prozedur zwei Nervenärzte bereitstanden. Der entscheidende Schlag gelang, die größten Bruchstücke zieren heute die englischen Kronjuwelen, die im Londoner Tower aufbewahrt werden.

Ganz andere Eigenschaften zeichnen die zweite Modifikation des Kohlenstoffs aus, den Graphit. Er ist weich, mit dem Fingernagel ritzbar und vor allem in einer Richtung hervorragend spaltbar, worauf übrigens seine Verwendung in der Bleistiftmine beruht, die längst kein Blei mehr enthält. Der Grund für diese besonderen Eigenschaften ist sein Schichtgitter, dessen Ebenen aus bienenwabenartigen Sechseckstrukturen bestehen und nur schwach aneinander gebunden sind. Beim Schreiben mit dem Bleistift werden diese weich abgehoben und haften auf dem Papier.

Mit einem Druck vom Zweitausendfachen des Luftdrucks kann der Graphit in Diamant umgewandelt werden. Auf diese Weise werden Industriediamanten aber auch künstliche Schmuckdiamanten hergestellt. Eine besondere, nicht unumstrittene Geschäftsidee ist die Herstellung von sogenannten Erinnerungsdiamanten. Dabei wird in einem aufwendigen Verfahren der Krematoriumsasche eines lieben Verstorbenen der Kohlenstoff entzogen und dieser zu einem Schmuckdiamanten umgeformt.

Erst 1985 entdeckte man eine dritte Erscheinungsform des Kohlenstoffs. Buckminsterfullerene sind kugelförmige Moleküle, die aus Fünf- und Sechsecken bestehen und in ihrem Aufbau frappierend einem Fußball gleichen, weswegen sie salopp auch als »Buckyballs« bezeichnet werden. Der Name wurde vom kanadischen Architekten Buckminster-Fuller abgeleitet, der seine Kuppelkonstruktionen nach dem gleichen Bauprinzip errichtete. Heute sind diese Moleküle und ihre technische Anwendung Gegenstand vieler wissenschaftlicher Studien.

Der Übergang der Materie vom festen in den flüssigen Aggregatzustand ist ein eindrucksvoller Prozess. Der Anblick rotglühender Lavaströme hat uns Menschen schon immer in seinen Bann gezogen, aber auch das Schmelzen und Wiedererstarren von Metallen in Gießereien ist ein faszinierender Vorgang. Von allen Flüssigkeiten übertrifft jedoch eine alle anderen an Vielfalt und Bedeutung – Wasser.

Es ist ein unglaublich vielfältiges »Element« mit überraschenden Eigenschaften. Seine Moleküle sind winzig und unscheinbar, bestehen aus nur drei Atomen – H2O. Mehr als hundert Anomalien, Abweichungen von der Norm, von den zu erwartenden Eigenschaften, machen es einzigartig und zur Quelle allen Lebens. Das erklärt auch, warum wir gerade zu diesem Stoff eine ganz besondere Beziehung haben.

Ich liebe es, knöcheltief im Wasser auf der obersten Stufe der Badeleiter aus Lärchenholz zu stehen, die von einem Holzsteg in unseren Gartenteich eintaucht. Die Sommersonne wärmt den Rücken, im Hintergrund das Plätschern des Wasserfalls. Mit dem Teich hab ich mir schon vor Jahren einen langgehegten Wunsch erfüllt, ein Stück Natur in den Garten zu holen, um diese aus nächster Nähe beobachten zu können. Ich halte mich an den Holmen der Leiter fest, einen Fuß fest auf der Stufe aufgesetzt. Der zweite durchpflügt die Wasseroberfläche in einer pendelartigen Bewegung. Ich spüre den Widerstand des Wassers, wie es zwischen den Zehen hindurch strömt und diese fast zärtlich streichelt. Ein angenehmes Gefühl.

Unsere innige Verbundenheit mit diesem Element hat viele Gründe. Vielleicht ist es ein unbewusstes Erinnern an unsere pränatalen Erfahrungen mit diesem Stoff, an die Schwerelosigkeit im Mutterleib, an das Fruchtwasser, das den ersten Durst gestillt und alle Erschütterungen gedämpft hat. Vielleicht ist es auch die Tatsache, dass unser Körper zu mehr als 60 Prozent aus Wasser besteht.

Johann Wolfgang von Goethe vergleicht das Wasser mit unserer Seele: »Des Menschen Seele gleicht dem Wasser: Vom Himmel kommt es, zum Himmel steigt es, und wieder nieder zur Erde muss es.« In fast allen Religionen spielt das Wasser eine Rolle als das Reinigende, das uns von Sünden reinwäscht. Wasserrituale, wie die christliche Taufe, gibt es in allen Kulturen.

Unvergesslich ist für mich das Erlebnis meines ersten Tauchgangs in Kuba. Gefangen von den faszinierenden Eindrücken des Korallenriffs, wich meine anfängliche Nervosität rasch dem Staunen über die Schönheit der Unterwasserwelt. Sich in allen drei Dimensionen des Raums bewegen zu können und losgelöst von der Last des eigenen Gewichts in der Strömung treiben zu lassen, ist eine ganz besondere Erfahrung.

Bald schon wagte ich mich an eine größere Herausforderung. Green Hole nennt sich jene fast kreisrunde Öffnung in einem Riffdach am Roten Meer. Wegen des durch die Brandung aufgewühlten Riffsandes betrug die Sichtweite nur wenige Zentimeter und ich musste mich an einem Seil entlang hangelnd in den engen Schacht zwängen, immer darauf achtend, dass ich nicht mit der Pressluftflasche die Riffwand beschädigte. Es waren nicht mehr als vielleicht zwanzig Meter, die der Schacht schräg nach unten verlief. An seinem Ende war das Wasser unglaublich klar, wie Luft, und ich empfand so etwas wie Höhenangst – oder sollte ich es besser Tiefenangst nennen, die Küste fiel hier steil mehrere hundert Meter ab, in einem scheinbar unendlichen Blau verloren sich alle Konturen. Ich schwebte über einer Schlucht auf die gegenüberliegende Seite, dem Wasser ausgeliefert und doch von ihm getragen.

Wasser ist das einzige »Element«, in dem wir Materie im flüssigen Zustand in so unmittelbarer Weise begegnen. Dieses Gefühl etwa beim Schwimmen oder Tauchen, von Materie so unmittelbar umschlossen zu sein, ist für viele Menschen bedrückend, hat man aber die Angst vor der vermeintlichen Enge einmal überwunden, auch berauschend und beglückend. Der Widerstand, den das Wasser jeder Bewegung entgegensetzt, der es aber gleichzeitig auch nachgibt, ist eine elementare Erfahrung. Laotse hat schon im 6. Jahrhundert vor Christus festgestellt: »Auf der ganzen Welt gibt es nichts Weicheres und Schwächeres als das Wasser. Und doch: In der Art, wie es dem Harten zusetzt, kommt nichts ihm gleich.« Tatsächlich kann auch das härteste Gestein dem Wasser nicht auf Dauer standhalten, wie von Flüssen oder der Meeresbrandung geformte Felslandschaften eindrucksvoll bestätigen.

Naturwissenschaftlich betrachtet sind es die Anziehungskräfte zwischen den Wassermolekülen. Die Naturwissenschaft bezeichnet sie als Wasserstoffbrückenbindungen, die für seine besonderen Eigenschaften und Fähigkeiten verantwortlich sind.

Wassermoleküle sind äußerst »soziale« Teilchen, sie interagieren intensiv untereinander, wechseln ihren Partner in Sekundenbruchteilen und sorgen so für höchste Anpassung an jede Form und Bewegung.

Ein einzelnes Molekül hat keine Eigenschaften im makroskopischen Sinn, keinen Schmelz- oder Siedepunkt, keine Farbe oder andere optische Eigenschaft. Erst die Summe der Teilchen und vor allem ihre Interaktion, macht Wasser zu dem Stoff, den wir kennen oder zu kennen glauben, denn trotz jahrhundertelanger Forschung sind längst nicht alle Geheimnisse dieses faszinierenden Mediums gelüftet.

Wasser ist der einzige Stoff auf diesem Planeten, der in allen drei Aggregatzuständen gleichzeitig vorkommt. Am vertrautesten ist uns das flüssige Wasser, unser wichtigstes Lebensmittel. In nördlichen Breiten oder höheren Lagen ist Schnee eine beeindruckende Erscheinungsform, die uns nicht nur im Kindesalter verzaubert.

Jedes Jahr, wenn der erste Schnee fällt, zieht es mich in ein nahe gelegenes Waldstück. Es ist eine tiefe Erfahrung von Stille und innerer Ruhe, wenn die Flocken lautlos vom Himmel fallen und die Landschaft in eine weiche, von abgerundeten Formen geprägte Silhouette verwandeln. Sieht man sich die Schneeflocken genauer an, so stellt man fest, dass alle eine sechseckige Grundstruktur besitzen, aber keine der anderen in allen Details gleicht.

Gewöhnliche Stoffe weisen im festen Zustand eine größere Dichte auf als im flüssigen. Eine Kerze versinkt im flüssigen Wachs. Dass Eis auf dem Wasser schwimmt, ist für uns eine selbstverständliche Erfahrung. Und trotzdem ist es nur eine der vielen Besonderheiten dieses Stoffs. Wassermoleküle besitzen geladene Enden, bilden sogenannte Dipole. Diese zwingen den Eiskristall in ein voluminöses Gitter mit großen Hohlräumen, das Eis dehnt sich aus. Somit ist die Dichte kleiner als im flüssigen Zustand. Die größte Dichte hat das Wasser bei +4° C, da ist es am schwersten und sinkt in einem stehenden Gewässer bis auf den Grund. Dadurch haben Amphibien und andere Wasserbewohner dort die besten Überlebenschancen, selbst bei klirrender Kälte, wenn die gefrorene Oberfläche meines Gartenteichs von riesigen Eisblumen bedeckt ist.

Von außergewöhnlichem Reiz ist das Eis der Gletscher, das die höchsten Berge in meiner Heimat bedeckt. In unterschiedlichen Blauschattierungen und oft von Felsbrocken durchsetzt, die wie edle Kristalle in einer wertvollen Fassung liegen, erkennt man auch die Kraft des fließenden Gletschers, der die Landschaft vielfältig mitgestaltet hat. Leider sind die eindrucksvollen Eisriesen schon seit Jahrzehnten auf dem Rückzug, eine unübersehbare Folge des Klimawandels. Auch Europas größter Gletscher, der Vatnajökull auf Island, ist davon betroffen. Dort, wo sein Eisstrom ins Meer mündet und der Gletscher kalbt, ist die Küste übersät mit riesigen Eisblöcken, die wie überdimensionale Kristalle im schwarzen Lavasand aufgereiht liegen.

Die für das Leben vielleicht wichtigste Eigenschaft des Wassers ist seine hervorragende Eignung als Lösungsmittel für viele essentielle Stoffe wie zum Beispiel Spurenelemente, die in gelöster Form in unseren Körper gelangen. Doch zu viel Wasser ist gefährlich: Bei Mutproben und Wett-Trinken mit Wasser sind schon mehrfach Menschen zu Tode gekommen. Wer innerhalb von drei Stunden fünf oder sechs Liter Wasser trinkt, stört seinen Salz-Haushalt und überfordert den Körper. Grund dafür ist das physikalische Prinzip, wonach salzhaltige Lösungen nach einem Konzentrationsausgleich streben. Verringert sich die extrazelluläre Konzentration durch die Aufnahme von großen Wassermengen, so strömt das Wasser durch die Zellmembranen in die Zelle, um dort ebenfalls eine niedrigere Konzentration zu erreichen. Dieser Vorgang wird als Osmose bezeichnet. Hält der Prozess an, so kann sich der Druck in der Zelle erhöhen und sie im Extremfall zerstören. Die Gefahr ist im Gehirn besonders groß, da der knöcherne Schädel seine Ausdehnung behindert. Kopfschmerzen sind in diesem Zusammenhang erste Anzeichen einer »Wasservergiftung«. Durch die Verdünnung der Zellflüssigkeit kommt es außerdem zu einem gefährlichen Mangel an Natriumionen, die an vielen Stoffwechselprozessen beteiligt sind. Das sollten vor allem Langstreckenläufer beachten. Beim Marathon verliert der Läufer zwischen einem halben und anderthalb Liter Wasser und bis zu 3 Gramm Salz pro Stunde, abhängig davon, wie heiß es ist, wie stark man schwitzt und wie lange man läuft. Daher müssen die Sportler sowohl vor dem Wettkampf als auch während des Laufs zwischendurch trinken, vorzugsweise isotonische oder besser noch hypertonische Getränke, die eine besonders hohe Konzentration der benötigten Salze und Mineralstoffe enthalten.

Es sind die elektrischen Dipoleigenschaften, die dem Wasser seine hervorragenden Lösungsmitteleigenschaften verleihen. Ihre Wirkung lässt sich leicht nachweisen. Nähert man ein durch Reibung an einem Wolllappen elektrisch aufgeladenes Plexiglaslineal einem dünnen Wasserstrahl, so wird dieser wie von einem Magneten angezogen.

Wasser ist unser wichtigstes Lebensmittel. Man kann einige Tage ohne es überleben, aber nur wenige Minuten ohne Luft. Erst die Bildung einer Atmosphäre hat das Leben außerhalb der Meere möglich gemacht. Die Luft ist eine Mischung aus unterschiedlichen Gasen, die wichtigsten sind Stickstoff und Sauerstoff. Letzterer ist die unverzichtbare Grundlage für unsere Atmung. Nüchtern betrachtet ist sie Teil jener Prozesse im Organismus, die für die Energiegewinnung und somit für die Aufrechterhaltung der Körpertemperatur, für Wachstum, Bewegung und viele andere lebenswichtige Funktionen verantwortlich sind. Sie entspricht im Wesentlichen der Umkehr der Photosynthesereaktion, die wiederum Voraussetzung für den konstanten Sauerstoffgehalt der Luft von 20,95 Prozent ist. In einem komplexen Gleichgewicht wird dieser Wert schon seit Jahrmillionen auf diesem gleichbleibenden

Niveau gehalten, Abweichungen werden durch Rückkoppelungseffekte ausgeglichen. Wird etwa durch großflächige Waldbrände viel Sauerstoff verbraucht und dadurch mehr CO_2 gebildet, so wird dadurch die Photosynthesereaktion intensiviert. In der Folge steigt der Sauerstoffgehalt und der CO_2-Gehalt sinkt wieder. Diese Pufferfähigkeit hat allerdings ihre Grenzen.

Vor ca. 300 Millionen Jahren, im Carbon, war der Sauerstoffgehalt in der Atmosphäre deutlich höher. Dadurch konnten Libellen, die über keine Lungen verfügen, sondern nur passiv über Tracheen atmen, eine stattliche Länge von mehr als einem halben Meter erreichen.

Das Besondere an der Luft, sowie allen anderen Gasen, ist, dass sie für das Auge unsichtbar und trotzdem spürbar ist, schon bei der leisesten Bewegung. Die Uratmosphäre der Erde entstand durch die Ausdünstungen der Vulkane und enthielt Wasserdampf, Kohlendioxid, Methan, dazu noch Kohlenmonoxid, Schwefelwasserstoff und Ammoniak. Obwohl sie aus heutiger Sicht extrem giftig und lebensfeindlich war, enthielt sie doch schon die wichtigsten Komponenten des Lebens. In einem bahnbrechenden Experiment konnte der amerikanische Chemiker und Biologe Stanley Miller im Jahr 1953 zeigen, dass unter den Bedingungen, die in der Uratmosphäre vorherrschten, organische Moleküle entstehen, darunter auch die als Bausteine des Lebens bekannten Aminosäuren. Bei ihrer Bildung unter Versuchsbedingungen spielten auch elektrische Entladungen eine entscheidende Rolle, welche die Energiezufuhr durch Gewitterblitze nachbilden sollte.

Wie schon früher erwähnt, hat die Photosynthese die reduzierende Atmosphäre in eine oxidierende umgewandelt, ein entscheidender Schritt in der Entwicklung des Lebens. Mehrmals in der Erdgeschichte hat sich die Zusammensetzung der Atmosphäre grundlegend geändert, mal zum Guten und mal zum Schlechten im Hinblick auf das Leben. Immer waren vulkanische Aktivitäten im Spiel, die einerseits durch ihre Emissionen die Lufthülle vergifteten und Massenaussterben verursachten, aber auch das Klima und somit die Temperatur auf der Erdoberfläche beeinflussten. So gab es mehrere globale Vereisungen, die letzte vor etwa 580 Millionen Jahren. Während dieser Eiszeitalter sind die Gletscher von den Polen bis in Äquatornähe vorgestoßen, das Meer war weitgehend zugefroren. »Snowball Earth« nennen Geologen diese Kältestarre unseres Planeten, die wohl heute noch andauern würde, hätten nicht einige Vulkane über den Eispanzer hinausgeragt und Treibhausgase in die Atmosphäre geblasen, die sich so wieder allmählich erwärmte und dem Leben eine neue Chance bot.

Der heute vieldiskutierte Treibhauseffekt sorgt auch in unserer Zeit für angenehme Lebensbedingungen und eine weltweite Jahresdurchschnittstemperatur von +15°C. Ohne ihn wäre diese um 33 Grad niedriger, also bei -18 Grad, in höheren Breiten deutlich darunter. Der größte Anteil dieses natürlichen Treibhauseffektes geht auf das Konto des Wasserdampfes, also der Luftfeuchtigkeit, erst danach folgen Kohlendioxid und Methan. Der vom Menschen verursachte, anthropogene Anteil ist im Verhältnis dazu klein, nimmt aber seit mehr als fünfzig Jahren kontinuierlich zu, mit gravierenden Folgen für das Klima.

In vielen Zeitungsartikeln und populärwissenschaftlichen Zeitschriften wird erklärt, der Treibhauseffekt beruhe auf der Fähigkeit der Treibhausgase, die Wämestrahlung zurück auf die Erde zu reflektieren und so die Atmosphäre erwärmen. Das Gegenteil ist richtig. Während die kurzwellige Sonnenstrahlung weitgehend ungehindert die Erdoberfläche erreicht, wird die von ihr abgestrahlte wesentlich langwelligere Infrarotstrahlung von den Molekülen der Treibhausgase absorbiert, also gewissermaßen aufgenommen. Ihre Energie wird auf die Moleküle übertragen und diese dadurch in Schwingungen versetzt. So erwärmen sich die Treibhausgase und schließlich die übrigen Bestandteile der Luft.

Wärme ist auch ein charakteristisches Merkmal des vierten Elementes. Wer kennt nicht die besondere Stimmung, wenn man im Sommer an einer offenen Feuerstelle sitzt und gebannt in die Flammen starrt. Ihre sich ständig ändernde Form, ihre Leuchtkraft und vor allem ihre wärmende Wirkung haben die Menschen seit jeher in ihren Bann gezogen. In vielen Kulturen wird das Feuer mit dem Göttlichen in Verbindung gebracht. In der griechischen Mythologie ist es der Titan Prometheus, der den Göttern das Feuer stiehlt, um es den Menschen zu bringen. Als Strafe dafür wird er auf Befehl von Göttervater Zeus an einen Felsen geschmiedet. Ein Adler sucht ihn regelmäßig auf, um von seiner Leber zu fressen, die sich immer wieder erneuert.

Chemisch betrachtet ist die Verbrennung eine besonders schnell unter Licht- und Wärmeentwicklung ablaufende Oxidation. Drei Komponenten sind notwendig, um die Verbrennung aufrechtzuerhalten, ein Brennstoff, ein Oxidationsmittel, in der Regel der Sauerstoff der Luft und Zündenergie, um die Reaktion in Gang zu bringen. Mangelt es an einem dieser drei Bausteine, so erlischt das Feuer. Flammen sind, nüchtern betrachtet, glühende Gase, in denen mannigfaltige Reaktionen ablaufen. Der englische Physiker und Chemiker Michael Faraday eröffnete seine Vorlesung mit den Worten: »Ich möchte Ihnen im Verlauf dieser Vorlesung die chemische Geschichte einer Kerze vorstellen ....« »Es gibt kein bequemeres, weiter geöffnetes Tor, durch das Sie in das Studium der Naturphilosophie eintreten können.« Ein scheinbar simpler Vorgang, wie das Brennen einer Kerze, ist bei genauer Betrachtung ein unglaublich vielfältiges Reaktionsgeschehen. Da werden die Kohlenwasserstoffmoleküle des Paraffins in kleine Bruchstücke zerrissen, bevor sie mit den Sauerstoffmolekülen der Luft kollidieren und schließlich zu Kohlendioxid oxidieren. Milliardenfache Zusammenstöße pro Sekunde sind notwendig, um die für die Verbrennung notwendige Kettenreaktion aufrechtzuerhalten. Der Sauerstoff entzieht dem Brennstoff Elektronen, es entstehen äußerst reaktionsfähige Bruchstücke, sogenannte Radikale, die ihrerseits in vielen Einzelschritten weiterreagieren, ein wahres Inferno. Bei sehr hohen Temperaturen nimmt Materie einen Zustand an, den man als den vierten Aggregatzustand bezeichnet. Das Plasma ist ein Gemisch verschiedener, meist elektrisch geladener Teilchen auf atomar-molekularer Ebene. Die Sonne schickt uns regelmäßig Plasmawolken, den sogenannten Sonnenwind, der beim Eintritt in die Atmosphäre mit den Stickstoff- und Sauerstoffmolekülen reagiert und deren Elektronen anregt. In Polnähe, wo sich die Magnetfeldlinien besonders dicht zusammendrängen und dadurch die ihnen folgenden geladenen Teilchen konzentriert auftreten, führt dies zu fantastischen Lichterscheinungen, die wir als Polarlichter kennen.

Ich erinnere mich an ein besonders eindrucksvolles Erlebnis im isländischen Herbst. Es war schon später Abend und ich lag in dem von Erdwärme beheizten Pool unseres Ferienhauses, den Blick zum Sternenhimmel gerichtet, als ein unglaubliches Schauspiel mit einem unscheinbaren Leuchten am Horizont begann und schließlich riesige grüne und rote Lichtschleier über das ganze Firmament tanzten. Ich hatte das Gefühl, die Energie aus dem Erdinneren und den Weiten des Weltalls gleichzeitig zu spüren.

Mit dem Feuer kam auch die Zivilisation in die menschliche Gesellschaft. Brandrodungen schufen Ackerflächen und Holzkohlefeuer ermöglichten die Gewinnung und Verarbeitung von Metallen. Leider nutzten die Menschen die Kraft des Feuers auch für zerstörerische Aktivitäten. Die Erfindung der Feuerwaffen hat die Kriegsführung für immer verändert. Eine Sache kann Segen und Fluch zugleich sein. Ein Paradebeispiel dafür ist die Erfindung des Dynamits durch Alfred Nobel. Bereits zwanzig Jahre zuvor hat der Turiner Arzt und Chemiker Ascanio Sobrero das Nitroglycerin erfunden. Die Handhabung dieses hochbrisanten Sprengstoffs war äußerst schwierig, schon ein verschütteter Tropfen konnte eine Detonation auslösen. Nobel hatte die Idee, die Flüssigkeit in Kieselgur aufzunehmen, ein natürliches, äußerst poröses Material, das hauptsächlich aus den Schalen fossiler

Kieselalgen besteht. Unter dem Elektronenmikroskop zeigt sich die wunderschöne Architektur dieser Einzellergehäuse. Durch Verteilung in den winzigen Poren verlor der Sprengstoff seine Gefährlichkeit. So entstand Dynamit, ein Sicherheitssprengstoff, der weder durch Stoß und Schlag, noch durch Anzünden zur Explosion gebracht werden kann. Es braucht dazu eine Initialzündung mittels eines brisanten Sprengstoffs in einer Sprengkapsel.

Bei Nobels Experimenten mit Nitroglycerin kam es zu mehreren Unfällen. Bei einer Explosion 1864 kamen sein Bruder Emil und vier weitere Personen ums Leben.

Nobel wollte seine Erfindung vor allem im Berg- und Straßenbau einsetzen, musste aber feststellen, dass sie auch für kriegerische Zwecke missbraucht wurde. Als er die österreichische Friedensaktivistin Berta von Suttner kennenlernte, steigerte sich seine Abneigung gegen den Krieg und er beschloss, den Großteil seines beträchtlichen Vermögens einer Stiftung zuzuführen, deren Zinsen jährlich an jene Personen ausgegeben werden sollten, »die im vergangenen Jahr den größten Nutzen erbracht haben« in den Bereichen Physik, Chemie, Medizin, Literatur und Frieden. 1901 wurde die Auszeichnung zum ersten Mal vergeben. Berta von Suttner erhielt 1905 als erste Frau den Friedensnobelpreis.

Die vier Elemente stehen symbolisch für alles Stoffliche, aus dem sich das Universum zusammensetzt. Obwohl die modernen Naturwissenschaften den Aufbau und die Vielfalt der Materie viel differenzierter sehen, hat die Vorstellung aus der Zeit der griechischen Hochkultur nichts an Faszination verloren und beflügelt die Phantasie der Menschen bis heute.

Ordnung und Chaos, Monotonie und Vielfalt

Als ich vor Jahren bei einem Besuch in Norddeutschland durch einen jener Wälder spazierte, die jahrzehntelang als Vorbild ökonomischer Forstwirtschaft galten, offenbarte sich ein für mich ungewohnter Anblick. Bäume, kerzengerade gewachsen, in Reih und Glied, der Waldboden aufgeräumt wie ein Vorzeigewohnzimmer, kaum Unterholz zu sehen. Das war nicht das Bild, das ich von den Tiroler Bergwäldern kannte. In gewisser Weise war die Ordnung sogar beeindruckend, symmetrisch und beruhigend sauber, mit Natur hat sie aber nur wenig zu tun.

Ganz anders die Bilder, die man vom Bayrischen Wald kennt. Umgestürzte Bäume, vom Borkenkäfer schwer geschädigte Landstriche, Baumleichen, die ihre kahlen Stämme und Äste in den Himmel recken. Dann wieder üppig grüne Bereiche, sumpfige Lichtungen, Natur pur. Als in den 1990er-Jahren der Borkenkäfer im Nationalpark große Waldflächen befiel, beschloss die Verwaltung, nicht einzugreifen. Ein Teil der Hochlagenwälder starb. Anwohner diskutierten den Beschluss kontrovers, es gab viele sehr kritische Stimmen. Heute sprießt wieder üppiges Grün zwischen den abgestorbenen Bäumen.

Warum sind viele Menschen von gepflegten Parkanlagen, von einem grünen englischen Rasen ohne jegliche Farbtupfer, von eingefriedeten Blumenbeeten begeistert, während Wälder mit umgestürzten, modrigen Baumstämmen, Moorlandschaften oder Feuchtwiesen vielfach als wertloses Ödland angesehen werden? Warum bevorzugen wir überschaubare Flächen, während vielen das Dickicht eines Urwalds Angst macht?

Der Grund liegt wahrscheinlich in der Evolution von homo sapiens, die ihren Ursprung in der Savanne Afrikas hat. In der ausgedehnten Landschaft konnten die ersten Menschen Gefahren schon von weitem erkennen. Dazu mussten sie sich allerdings aufrichten, um im hohen Gras den Überblick zu gewinnen. Dies führte zum aufrechten Gang des Menschen und in der Folge zur Fähigkeit, seine jetzt freien Hände gezielt einzusetzen, um Werkzeuge oder Waffen herzustellen. Der britische Geograph Jay Appleton begründet seine Theorie vom »Sehen ohne gesehen zu werden« (1975) mit dem Sicherheitsbedürfnis der Urmenschen, die in dieser weitläufigen Landschaft hinter vereinzelten Bäumen oder Büschen Deckung finden konnten. Auch in aktuellen Schriften zum Naturtourismus wird eine savannenähnliches Gebiet als präferierte Landschaft angesehen, die den meisten Menschen als Ideal erscheint (Hartmut Rein, Naturtourismus, 2019).

Mit der Sesshaftigkeit der Menschen und dem Einzug der Zivilisation wurde die Natur vorwiegend als Nahrungsmittel- und Rohstofflieferant wahrgenommen. Geordnete, eingeebnete und geradlinig begrenzte Nutzflächen sind leichter zu bearbeiten, Monokulturen versprechen kurzfristig höhere Gewinne. Das Ergebnis ist eine aufgeräumte Landschaft, in der die Vielfalt einer öden Monotonie gewichen ist. Breite Straßen müssen möglichst gerade verlaufen, dort wo die Natur ihnen Hindernisse entgegenstellt, werden Brücken gebaut und Tunnel gegraben. Einschränkungen bezüglich Geschwindigkeit und Sicherheit werden kaum akzeptiert.

Es gibt aber auch andere Ansätze, wie ich bei einem Urlaub auf der Kanareninsel La Gomera beobachtet habe. Dem Gelände angepasste Straßen, die auch Umwege in Kauf nehmen, fügen sich harmonisch ins Landschaftsbild und können die Wirkung einer Landschaft sogar verstärken, anstatt sie zu stören. Natürlich kann man die Verhältnisse auf einer dünn besiedelten Urlaubsinsel nicht mit jenen im urbanen Bereich vergleichen, aber auch in manchen Großstädten bemüht man sich um ein natürliches Ambiente. Schon beim Anflug auf Singapur blickt der Fluggast auf ungewöhnlich große, grüne Oasen. Nicht umsonst wird die 6-Millionenmetropole, die von jährlich 15 Millionen Menschen besucht wird, »Stadt der Gärten« genannt. Begrünte Häuserfassaden statt Sichtbeton erfreuen nicht nur das Auge, sondern sorgen auch für Kühlung und ein angenehmes Wohnklima. In Wien werden seit 2019 Fassaden-, Dach- und Innenhofbegrünungen mit öffentlichen Mitteln gefördert.

Ein weiterer Grund unserer Vorliebe für Ordnung in der Natur ist vielleicht auch das Gefühl der Überforderung und des Kontrollverlusts, das scheinbar chaotische Strukturen in uns auslösen. Der Anblick von unstrukturiertem und ungeordnetem Terrain schafft Unsicherheit. Es scheint, als würden wir nach Halt und klaren Bezugspunkten in unserer Außenwelt suchen, um das Chaos in unserem eigenen Kopf zu kompensieren. Dazu ist offenbar eine übersichtliche Schrebergartenidylle besser geeignet als die herausfordernde, wilde und ursprüngliche Natur. Bei Landschaftsverbauungen oder Flussregulierungen dominieren gerade Linien und geometrische Flächenmuster. Selbst das Hochgebirge bleibt nicht von »Geländekorrekturen« verschont. So werden etwa beim Bau von Skipisten autobahnähnliche Abfahrten mit großem Flächenverbrauch errichtet und die Landschaft nach den Bedürfnissen der Seilbahn- und Tourismusindustrie modelliert. Dass solche Eingriffe gerade in hochalpinen Lagen nachhaltige Auswirkungen haben, liegt auf der Hand.

Die Entwicklung der Natur, wenn sie nicht dem Einfluss von uns Menschen ausgesetzt ist, wird von zwei Grundprinzipien beherrscht. Das Prinzip des Energieminimums ist uns aus vielen Alltagsbeobachtungen vertraut. Es besagt, dass spontane Reaktionen immer in die Richtung verlaufen, in der die Energie abnimmt. Ein Stück Eisen rostet also gewissermaßen von selbst, da Eisenoxid stabiler, also reaktionsträger ist als elementares Eisen. Der umgekehrte Prozess ist nur mit Energieaufwand möglich, etwa in der Hitze des Hochofens. Stabilität ist gleichzusetzen mit minimaler Energie. Letztlich sind auch die Gesetze der Schwerkraft auf dieses Prinzip zurückzuführen. Ein Körper in einem Gravitationsfeld, wie dem unserer Erde, ist umso stabiler, je geringer seine potenzielle Energie ist, das heißt, je näher er dem Erdmittelpunkt beziehungsweise der Erdoberfläche ist, die den freien Fall begrenzt. Deshalb fließt Wasser stets bergab und ein Apfel fällt vom Baum zu Boden und nicht in die Gegenrichtung. Dieses Naturgesetz formt Landschaften und bestimmt den Verlauf vieler elementarer Prozesse.

Sieht man sich aber die Vorgänge in der Natur genauer an, so wird man feststellen, dass manche Abläufe sich dem Prinzip vom Energieminimum zu widersetzen scheinen. So dürfte Wasser nach Energiezufuhr eigentlich erst bei hundert Grad in den gasförmigen Zustand übergehen. Die Erfahrung lehrt uns aber, dass es bereits bei Raumtemperatur verdunstet. Es muss also noch eine zweite Triebfeder geben, die die Richtung von spontanen Prozessen bestimmt. Ihre Wirkung möchte ich an einem Gedankenexperiment beschreiben.

Stellen Sie sich vor, sie legen Ihre teure Uhr in einen Shaker, wie ihn Barkeeper verwenden. Jetzt beginnen Sie, diesen zu schütteln, so lange, bis die Uhr in ihre Einzelteile zerfällt. Nun stellt sich die Frage zum weiteren Verlauf des Experiments: Wie lange müssen Sie schütteln, bis aus den Einzelteilen wieder eine funktionsfähige Uhr wird? Die logische Antwort wird wohl lauten: »Das wird nie passieren!« Der Grund dafür liegt im sogenannten Entropieprinzip. Ein System strebt spontan vom geordneten in den ungeordneten Zustand – Sie können das vielleicht auch in Ihrem Büro oder Wohnzimmer beobachten und sich dabei auf ein Naturgesetz berufen. Allerdings dürfen Sie nicht außer Acht lassen, dass man mit Energieaufwand, etwa beim Aufräumen, dieser Entropiezunahme entgegenwirken kann.

Betrachtet man die Aggregatzustände der Stoffe, so stellt man fest, dass der Grad der molekularen Unordnung vom festen über den flüssigen zum gasförmigen Zustand hin zunimmt. Stoffe streben also nach einem Maximum an Entropie. Aus diesem Grund verdunstet Wasser schon bei zwanzig Grad. Nun könnte man sich fragen, warum sich dann beim Verdunsten des Meerwassers schön geordnete Salzkristalle bilden, deren Entropie gewiss kleiner ist als jene der flüssigen Salzlösung. Tatsächlich bezieht sich das Entropieprinzip immer auf das Gesamtsystem. Beim Übergang des Wassers vom flüssigen in den gasförmigen Zustand, also beim Verdunsten oder Verdampfen, ist der Entropiegewinn deutlich höher als der Verlust beim Kristallisieren des Salzes, sodass unterm Strich wieder eine Entropiezunahme bleibt. Dass wir hier auf der Erde nicht in völligem Chaos versinken, ist der Energiezufuhr durch die Sonne zu verdanken. Sie ermöglicht es, dass ungeordnete Moleküle sich zu hochgeordneten Teilchenverbänden entwickeln und schließlich Leben hervorbringen. Werden die so in Gang gesetzten Prozesse unterbrochen und die Pflanze stirbt, so tritt wieder die Wirkung der Entropie in den Vordergrund und die Pflanze wird durch Verwesung in immer mehr einfachere, kleinere Teile zerlegt.

Offensichtlich ist der ungeordnete Zustand der Normalfall. Das gilt auch in einem abgeschlossenen System wie unserem Universum, das unaufhörlich seinem Entropiemaximum und damit dem Chaos zustrebt.

Vielleicht haben Sie sich schon gefragt, wie es möglich ist, dass es in einem Vogelschwarm von Tausenden Einzeltieren so gut wie nie zu Zusammenstößen kommt. Oder wie ein koordiniertes Flugmanöver, etwa ein rascher Schwenk in eine Richtung, so schnell verläuft, dass er durch eine kurze Reaktionszeit der Vögel nicht erklärbar ist. Physiker nennen es die Wirkung von Antichaos, Biologen sprechen von Schwarmintelligenz. Die fantastischen Bilder, die ein Schwarm Stare im Herbst in den Himmel zaubert oder ein Sardinenschwarm, der in koordinierten Bewegungen den Angriffen eines Delfins ausweicht, zeigen, dass durch die Interaktion von wenigen benachbarten Tieren eine große Gesamtdynamik entstehen kann. Heute lassen sich derartige Prozesse am Computer simulieren, indem man nur wenige Bedingungen in eine Grundgleichung einführt. Eine entscheidende Rolle spielt dabei das Prinzip der Rückkoppelung, in dem jedes Individuum sein Verhalten an demjenigen seiner Nachbarn ausrichtet und diese seinerseits in ihrem Verhalten beeinflusst. Soziale, staatenbildende Insekten können, obwohl die Individuen nur zu sehr primitiven neuronalen Leistungen fähig sind, in der Masse höher organisiertes Verhalten entwickeln. Biologen sprechen in diesem Zusammenhang von einem »Superorganismus«. Inzwischen sind zahlreiche Mechanismen enträtselt worden, die diese Leistungen ermöglichen. Einige koordinierte Interaktionen werden dabei indirekt durch die Veränderung der Umwelt ermöglicht. So nehmen nestbauende Termiten oder Wespenarten die Gestalt des entstehenden Nests in ihrer Umgebung wahr und reagieren darauf durch Anpassung ihrer eigenen Bautätigkeit. Dadurch entsteht die koordinierte Gestalt des Nestes, ohne dass die bauenden Individuen sich jemals direkt darüber abstimmen oder einen Gesamtplan im Kopf hätten.

Kommunikation findet häufig über chemische Signale statt. Ameisen bilden Pfade, sogenannte Ameisenstraßen, indem sie den zurückgelegten Weg mit Pheromonen markieren. Je mehr Ameisen einen Pfad nutzen, umso attraktiver wird er. Durch diesen einfachen Mechanismus können Ameisenvölker die kürzesten und effizientesten Pfade zwischen ihrem Nest und ergiebigen Nahrungsquellen ermitteln.

Auch bei der Ausbildung von Zellstrukturen treten Effekte der Selbstorganisation auf, wenn die Zellen zielstrebig den Platz einnehmen, der in einem bestimmten Organ für sie vorgesehen ist. Manche Biologen sehen die Evolution als eine Kombination von Selektion und Selbstorganisation.

Viele Prozesse in der Natur unterliegen einem immanenten Kontrollmechanismus, der meist auf Rückkoppelungseffekten beruht. So sorgt ein dynamisches Gleichgewicht dafür, dass die Zusammensetzung der Atmosphäre oder der Salzgehalt im Meer weitgehend konstant bleiben. Das Meer ist die wichtigste CO_2-Senke, das heißt, es speichert das Treibhausgas in gelöster Form. Dieses dient den Algen als Grundlage für die Photosynthese, bei der wiederum Sauerstoff freigesetzt wird. Mehr Kohlendioxid bedeutet zunächst einmal mehr Photosynthese. Ein Teil des Kohlendioxids wird in Form von Kalk gebunden. Steigt der CO_2-Gehalt weiter, bildet sich Kohlensäure, die zu einer Versauerung des Meeres führt und die Kalkskelette der Korallenriffe angreift.

Ein weiteres Beispiel aus der Biologie ist die Räuber-Beute-Beziehung. Nimmt die Zahl der Lemminge in den arktischen Regionen ab, so sinkt auch die Zahl ihrer Fressfeinde, etwa der Polarfüchse. Viele Tiere können ihre Reproduktionsrate sogar gezielt an das verfügbare Nahrungsangebot anpassen.

Jedes System kann Störungen des Gleichgewichts nur bis zu einem gewissen Grad kompensieren. Das gilt auch für das oft sehr komplexe Verhältnis von Fressen und Gefressen werden, das durch Eingriffe des Menschen in die Natur nachhaltig gestört wird.

Bereits 1788 kamen mit den Strafgefangenen auch die ersten Kaninchen nach Australien. Sie wurden als Schlachttiere in Gehegen und Käfigen gehalten. Das Unheil nahm seinen Lauf, als ein passionierter Jäger auf seiner Farm zu Jagdzwecken 24 Wildkaninchen aussetzte. Die Karnickel machten ihrem Ruf als besonders vermehrungsfreudige Spezies alle Ehre und breiteten sich binnen weniger Jahrzehnte über den ganzen Kontinent aus. 1920 soll ihre Zahl bei geschätzten zehn Milliarden gelegen haben. Bereits 1907 hatte man einen 3200 Kilometer langen Zaun errichtet, um die Nager vom fruchtbaren Farmland fernzuhalten. Vergeblich. Kaninchen können sehr hoch springen und sehr tief buddeln. Auch die biologische Bekämpfung mit einem Krankheitserreger, der die Kaninchenpest und in der Folge ein Massensterben unter den Nagern auslöste, brachte keinen dauerhaften Erfolg. Sehr bald schon entwickelten die Tiere eine genetische Resistenz gegen das Virus. Seither wird die Population mit neuartigen Viren gesteuert. Steigt die Kaninchendichte in einem Gebiet über ein bestimmtes Maß, kann durch Abwurf von infizierten Ködern gezielt eine Epidemie ausgelöst werden, die allerdings das Kaninchenvorkommen nur auf eine geringere Dichte zurücksetzt. Mit sinkender Dichte kommt die Epidemie von allein zum Erliegen. Das Auslösen einer vollständig letal wirkenden Epidemie ist mit heute bekannten Erregern nicht möglich. Forscher beobachten gegenwärtig, inwieweit es zu Resistenzbildungen kommt. Der Schaden an der Umwelt und in der Landwirtschaft, den die Kaninchen verursachen, wird auf 600 Millionen bis eine Milliarde Australische Dollar jährlich geschätzt.

Das Frühjahr ist für mich eine ganz besondere Jahreszeit, die das Erwachen der Natur und der Lebensgeister verspricht. Die Berge vor meiner Haustüre ermöglichen es mir, dieses Schauspiel über mehrere Monate hinweg zu erleben. Kaum sind die Frühlingsblumen im Tal verblüht, steige ich ein paar hundert Meter höher und kann das Erblühen der ersten Alpenblumen beobachten. Es ist schon ein sich jährlich wiederholende Gewohnheit, eine Alm aufzusuchen, die für ihren besonderen Blumenreichtum bekannt ist. So besuchte ich die Hochalm auch im vergangenen Sommer wieder. Zu meinem Entsetzen breitete sich über weite Flächen nichts als monotones Grün aus. Nur an exponierten Stellen, von Fels durchsetzten Geländekuppen, fand ich noch Braunellen, Kugelblumen und das wohlduftende Steinröschen. Was war geschehen? Die Alm wird mit etwa 300 Rindern bestoßen. Die vergangenen zwei Jahre waren durch schneearme Winter und ein niederschlagsarmes Frühjahr geprägt. Um den geringen Zuwachs an Grünfutter auszugleichen und die Almsaison im Sommer zu retten, brachten die Almbauern große Mengen an Dünger aus. Nur die Stellen, die für die Traktoren und Streugeräte nicht zugänglich waren, blieben verschont. Zwei Jahre reichten aus, um die natürliche Vielfalt einer Almwiese dramatisch zu reduzieren. Die heimischen Bauern erhalten Förderungen, um durch die Almbewirtschaftung die Verbuschung und Verwaldung der Almen zu verhindern und so die Kulturlandschaft zu erhalten. Hier wäre eine gezieltere und mit Auflagen verbundene Verteilung der Fördermittel dringend notwendig.

Noch gravierender als der Artenrückgang der Flora ist das Insektensterben. Können Sie sich noch erinnern, als nach einer Stunde Autofahrt die Windschutzscheibe mit toten Insekten bedeckt war? Davon ist heute keine Rede mehr. Als ich vor fast vierzig Jahren in unser damals neues Haus zog, zählte ich im Garten noch mehr als zwei Dutzend verschiedene Tagfalter. Heute hat sich die Zahl halbiert, obwohl die Wiese nebenan nur einmal im Jahr gemäht wird. Nach einer deutschen Studie sind 64 Prozent der Tagfalterarten in ihrem Bestand langfristig rückläufig. Ähnlich dramatisch ist die Situation für einen der wichtigsten Bestäuber in Europa und den USA.

Die Bienenvölker werden in den Staaten in großen Trucks zu den Obstplantagen gekarrt, da vor Ort ihr Überleben in den Monokulturen nicht mehr möglich ist. Im Corona-Jahr 2020 durften viele mobile Imker aufgrund der Beschränkungen nicht mehr ausfahren, sodass auch die Obsternte gefährdet war. China hat in vielen Gebieten die Bestäubung an billige Arbeitskräfte delegiert, die in den Bäumen, mit Pinsel und einem Säckchen Blütenstaub bewaffnet, jene Aufgabe übernehmen, die seit Menschengedenken die Biene geleistet und uns zusätzlich noch mit Honig versorgt hat. Noch grotesker ist die Lösung, die sich eine amerikanische Einzelhandelskette 2018 patentieren ließ. Eine Mini-Drohne sammelt mithilfe einer kleinen Bürste Pollen von einer Pflanze und überträgt sie dann mittels eines winzigen Ventilators auf eine andere. Über ein Signal wird die erfolgreich bestäubte Pflanze genau lokalisiert, sodass kein weiterer Flugapparat dieselbe Pflanze noch einmal anfliegt.

Das Artensterben in unserer Zeit hat viele Gründe und sie alle haben mit uns Menschen zu tun. Der Begriff »Pestizid« leitet sich vom Lateinischen pestis (»Geißel«, »Seuche«) ab und rührt daher, dass die Wirkstoffe ursprünglich zur Bekämpfung der Überträger von Krankheitserregern eingesetzt wurden. So konnte die Malaria durch den großflächigen Einsatz von DDT in den sumpfigen Brutgebieten der Anophelesmücke in vielen Regionen stark zurückgedrängt werden. Allerdings entwickelten die Insekten rasch Resistenzen gegen das Gift, wodurch dieses seine Wirksamkeit verlor. Die exzessive Anwendung hatte gravierende Auswirkungen auf die Ökosysteme, die Rachel Carson in ihrem 1962 erschienen Buch »Der stumme Frühling«, hervorragend beschrieben hat. Darin thematisierte sie das Konzept des ökologischen Gleichgewichts und zeigte die Auswirkungen des Einsatzes von Insektiziden und Herbiziden auf. Durch die Anreicherung des Gifts in der Nahrungskette kam es zu massiven Rückgängen in der Population von Singvögeln, es drohte ein Frühling ohne Vogelgesang. Das Buch wird häufig als Ausgangspunkt der weltweiten Umweltbewegung und als eines der einflussreichsten Bücher des 20. Jahrhunderts bezeichnet. Es löste in den USA eine heftige politische Debatte aus und führte schließlich zum Verbot von DDT. Damals ging man noch von einer lokal begrenzten Anwendung aus. Mit hochempfindlichen Analysegeräten konnte man aber bald feststellen, dass die Substanz sich ubiquitär, weltweit, verteilt hatte. Britische Ornithologen beobachteten, dass die Population der Wanderfalken stark rückläufig war. Als sie deren Gelege untersuchten, stellten sie fest, dass viele Vogeleier durch Eibruch zugrundegegangen waren. Ursache war eine durch DDT ausgelöste Störung des Calziumstoffwechsels, die die Bildung einer starken Eischale verhindert. DDT konnte auch dort nachgewiesen werden, wo es mit Sicherheit nie zur Anwendung gekommen ist. In der Antarktis hat die Substanz zu Skelettdeformationen bei Seevögeln geführt. Auch beim Menschen, der am Ende der Nahrungskette steht, ist das Gift angekommen. In den Nachkriegsjahren, als das Mittel unter anderem zur Bekämpfung von Kopfläusen angewandt wurde, war der DDT-Gehalt der Muttermilch so hoch, dass diese als Lebensmittel keine Zulassung bekommen hätte.

Ein Grund für die weltweite Verbreitung ist die als Akkumulation bezeichnete Anreicherung in der Nahrungskette, die vor allem auf der guten Fettlöslichkeit der Substanz beruht. Eine weitere Ursache ist seine Persistenz, die lange Verweildauer in der Umwelt. Sie hat mit der außerordentlichen Stabilität der Verbindung zu tun. Die Natur kennt diese Stoffklasse nicht und hat daher kaum Strategien zu deren vollständigem Abbau entwickelt. In eigenen Analysen konnte ich DDT-Bausteine mehr als fünfzig Jahre nach der Anwendung des Insektizids noch im Fettgewebe von Schnecken nachweisen.

Die Natur setzt auf Artenvielfalt und sie hat ihre Gründe dafür. Schädlinge haben sich meist auf wenige Wirtspflanzen spezialisiert. In Monokulturen finden diese ein überreiches Nahrungsangebot und vermehren sich explosionsartig. Das wiederum erfordert den massiven Einsatz von Schädlingsbekämpfungsmitteln. Die in manchen Ländern praktizierte Mischkultur hingegen ist weit resistenter gegen den Befall durch Schadinsekten.

Genetische Vielfalt ist auch das Rezept für Gesundheit und Widerstandsfähigkeit. Bei Hunderassen zeigt sich das ganz deutlich. Mischlinge sind weit langlebiger und krankheitsresistenter als ihre reinrassigen Artgenossen.

Charles Darwin hat Evolution als das Ergebnis von Auswahl, Versuch und Irrtum beschrieben. Diese Prozesse haben aber immer Vielfalt zur Folge und nicht Monotonie. Die Fähigkeit zur Anpassung an ein Habitat und das Finden einer geeigneten

Nische ist ein Garant für die Vielfalt der Arten. Darwin hat aber auch erkannt, dass Evolution weder Ziel noch Perfektion kennt. Nach meiner Einschätzung ist sie lediglich eine Überlebensstrategie ohne einen übergeordneten Sinn. In menschlichen Gesellschaften, die aus religiösen oder geografischen Gründen sehr isoliert leben, ist die Zahl der Erbkrankheiten sehr hoch.

Bei den Kuna-Indianern auf den San-Blas-Inseln in Panama ist mir eine besonders große Anzahl von Albinos aufgefallen, die unter der heißen karibischen Sonne zu leiden haben. Tatsächlich isolieren sich die Kuna bewusst vom Rest des Landes und viele Inseln dürfen nur mit Zustimmung des lokalen Häuptlings besucht werden. Die Albinos werden von den Indigenen als Kinder des Mondes bezeichnet. In der Kuna-Mythologie spielten sie eine besondere Rolle. Sie hatten die wichtige Aufgabe bei Mondfinsternis, ausgerüstet mit Pfeil und Bogen, den Drachen zu töten, der die Sonne verdunkelt, und so zu verhindern, dass dieser den Erdtrabanten verschlingt. In vergangenen Jahrhunderten wurden sie deshalb von gefährlichen Aufgaben, wie etwa kriegerischen Auseinandersetzungen freigestellt. Es ist wahrscheinlich die Kombination aus der durch die Abgeschiedenheit bedingten Inzucht und diesem Privileg, die ihre Zahl so stark ansteigen ließ.

Biodiversität ist der beste Indikator für den Zustand eines Ökosystems. Je artenreicher ein Landschaftsraum, desto unbelasteter und stabiler ist sein Zustand. Mit dem Aussterben einer Art ist ein unwiederbringlicher Verlust verbunden, die Welt wird um eine Spezies ärmer. War es früher die Bejagung durch den Menschen, so ist heute der Verlust von Lebensraum der wichtigste Grund für den Rückgang von Arten und deren Verschwinden. Besonders bedroht sind endemische Arten, die oft nur auf kleinen Flächen vorkommen. Die nur zwanzig Quadratkilometer große

Centinella-Bergkette in Ecuador war ein Biodiversitäts-Hotspot. Durch Entwaldung sind dort in kurzer Zeit etwa hundert endemische Pflanzenarten ausgestorben.

Aber auch in Österreich hat das Artensterben dramatische Ausmaße angenommen. Bundesweit sind binnen zwanzig Jahren 42 Prozent der Brutvögel verloren gegangen, etwa jede dritte Art steht auf der Roten Liste. Ich erinnere mich noch gut, wie ich in den 60er-Jahren des vorigen Jahrhunderts auf meinem Schulweg den Steigflug der Lerchen und ihren morgendlichen Gesang erlebt habe. Gelegentlich lief mir auch ein Kiebitz über den Weg, der in Tirol mittlerweile sehr selten geworden ist. Die Bodenbrüter sind aufgrund der intensiven Bewirtschaftung fast völlig verschwunden. Wenn Wiesen dreimal pro Saison gemäht werden, dann sind die Zeiten dazwischen zu kurz für die Vögel, um ihre Brut aufzuziehen.

Hierzulande ist außerdem die Versiegelung von Böden ein großes Problem. In Österreich, das wegen seines hohen Anteils an Gebirgsregionen vergleichsweise wenig Platz für die Dauerbesiedelung bietet, werden täglich knapp zwölf Hektar Boden versiegelt und damit der Natur entzogen, verträglich wäre laut Experten maximal ein Hektar. Bis 2019 sind so 5.729 Quadratkilometer Boden unter Bauwerken verschwunden oder für Verkehrsflächen verbraucht worden. Das entspricht 18 Prozent des Dauersiedlungsraumes.

Der Raubbau findet auch im Hochgebirge statt, wo durch den Erschließungsdruck von Tourismus und Seilbahnwitschaft immer mehr ursprüngliche Landschaft verbraucht wird. »Der Gast wünscht mehr Pistenkilometer«, so die banale Begründung eines Seilbahnpioniers aus dem Ötztal.

Der Klimawandel und seine Gefahren sind in den Köpfen der Menschen angekommen, das Artensterben jedoch nicht. Es ist meist ein stiller Abschied, wenn eine Art von der Erde verschwindet und doch ein unwiederbringlicher Verlust. Ist diese Spezies essenzieller Teil einer Nahrungskette, so werden über kurz oder lang auch weitere Arten verschwinden. Wir brauchen ein neues Verantwortungsbewusstsein für unseren Planeten. Wie begrenzt dieser ist und wie global vernetzt die menschliche Gesellschaft, hat uns die Corona-Pandemie deutlich vor Augen geführt.

Naturschutz vs. Umweltschutz

Oft werden die beiden Begriffe als Synonym verwendet. Tatsächlich handelt es sich um zwei verschiedene Aspekte, die in ihren Zielsetzungen oft sogar konträr zueinander sind.

Wird ein Gebirgsbach aufgestaut, in ein Rohr gezwängt und in einer Turbine zur Stromerzeugung genutzt, so ist das Umweltschutz, da die Energieerzeugung aus Wasserkraft weniger CO_2 produziert und der Klimawandel verlangsamt wird. Wenn wir demselben Fluss die Möglichkeit geben, frei seinem natürlichen Lauf zu folgen, so dient das dem Naturschutz.

Nach Wikipedia bezeichnet Umweltschutz die Gesamtheit aller Maßnahmen zum Schutze der Umwelt, um die Gesundheit des Menschen zu erhalten. Die Definition zeigt schon, wie anthropozentrisch diese Sichtweise ist. Umweltschutz bedingt ein Eingreifen des Menschen, meist um die selbst verursachten Schäden wieder zu reparieren. Umweltschutzmaßnahmen betreffen häufig bestimmte Kompartimente, wie Boden, Wasser oder Luft.

Der Begriff Naturschutz dagegen umfasst Maßnahmen zur Erhaltung von Ökosystemen und zur Wiederherstellung gestörter ökologischer Zusammenhänge. Grundlage sind ein zugeschriebener eigener Wert der Natur beziehungsweise bestimmter Lebensräume und das Wissen darum, dass eine Übernutzung und Zerstörung von Natur und Landschaft sowie die damit einhergehende Verringerung der Biodiversität und Artenvielfalt dramatische und katastrophale Folgen für den Naturhaushalt und letztlich auch für die Nutzbarkeit durch den Menschen haben kann. Daher wird eine möglichst langfristige und nachhaltige Stärkung der Lebensgemeinschaften angestrebt.

Im deutschen Bundesnaturschutzgesetz werden dazu unter §1 folgende drei Zielsetzungen unterschieden:

- Die Erhaltung der Vielfalt, Eigenart und Schönheit von Natur, Landschaft und Wildnis (ästhetisch-kulturelle Gründe; Natur als Sinnbild),
- die Erhaltung der Leistungsfähigkeit des Naturhaushalts, wobei eine nachhaltige Nutzbarkeit der Natur durch den Menschen angestrebt wird (Natur als Ressource und Dienstleister), sowie
- die Erhaltung von Natur, insbesondere von Biodiversität auf der Artebene, aufgrund ihres eigenen Werts (Natur als Selbstwert/Moralobjekt).

In den vergangenen Jahrzehnten wurden weltweit große Erfolge im Bereich des Umweltschutzes erzielt, angetrieben einerseits durch Umweltkatastrophen in den aufstrebenden Industriestaaten, andererseits aber auch durch die wachsende kommerzielle Bedeutung von Umweltanalytik und Umwelttechnologien.

Schon in der Mitte der Fünfzigerjahre des vergangenen Jahrhunderts ereignete sich eine Umweltkatastrophe im japanischen Fischerort Minamata. Eine Chemiefirma hatte hochgiftige Quecksilberabfälle in die gleichnamige Bucht geleitet. Das Gift reicherte sich im Fisch an, den die Einwohner verzehrten. Lähmungserscheinungen und Störungen der Bewegungskoordination als Folge von Beeinträchtigungen des Nervensystems traten auf. Etwa 17.000 Menschen wurden durch das Quecksilber geschädigt, etwa 3000 dürften an der Vergiftung gestorben sein.

Annähernd zur gleichen Zeit kam es zu einer weiteren Massenvergiftung in Japan, nachdem Cadmium-haltige Abwässer auf Reisfelder geleitet worden waren. Cadmium ähnelt in seinen Eigenschaften dem essenziellen Element Calzium und wird an dessen Stelle in das Skelett eingelagert. Die Knochen verlieren dadurch ihre Festigkeit, es kommt zu Skelettschrumpfungen.

Ein Hustenanfall kann Serienrippenbrüche auslösen. Die chronische Cadmiumvergiftung mit oft tödlichem Ausgang wird auch als Itai-Itai-Krankheit (jap., wörtlich: »Aua-Aua-Krankheit« aufgrund der starken Schmerzen) bezeichnet. Wegen der unerträglichen Schmerzen kam es in der Folge zu vielen Suiziden.

Es bedurfte noch weiterer Umweltkatastrophen, bis sich allmählich ein Bewusstseinswandel vollzog. Gleichzeitig zeigten immer empfindlichere Nachweismethoden, dass Umweltgifte sich über globale Kreisläufe schnell über den gesamten Erdball verteilen. Lokale Ereignisse können so rasch zu einer weltweiten Verbreitung der Schadstoffe führen. Dies wurde besonders deutlich nach dem Unfall im Kernkraftwerk von Tschernobyl am 26. April 1986, dessen Reaktor explodierte und eine radioaktive Wolke rund um den Globus sandte.

Inzwischen ist die Analytik in der Lage, Verdünnungen im Bereich von ppb (parts per billion) nachzuweisen, das heißt in einer Verdünnung von 1 : 1.000.000.000. Ein Zuckerwürfel in 2,7 Millionen Liter aufgelöst ergibt in etwa dieses Verdünnungsverhältnis. Heute können auch Spuren von Schadstoffen nachgewiesen werden. Konzentrierte man sich zunächst auf Schwermetalle wie Blei, Cadmium und Quecksilber, so rückten in der Folge immer mehr die organischen Verbindungen in den Fokus des Interesses. Man findet sie in vielen Anwendungsbereichen, vor allem in der Agrarindustrie.

Neben dem schon erwähnten Insektizid DDT waren es vor allem Herbizide, Unkrautvernichtungsmittel, welche die industrielle Landwirtschaft dominierten. Diese wurden und werden von Flugzeugen aus großflächig verteilt. Durch Windverfrachtung und weil diese Stoffe nicht sehr selektiv sind, kommt es zu einer starken Einschränkung der Artenvielfalt auch abseits der Anwendungsbereiche.

Es werden immer mehr gentechnisch veränderte Pflanzen angebaut, die eine Resistenz gegen bestimmte Herbizide besitzen.

Das bedeutet, dass mit dem Saatgut auch gleich das passende Herbizid verkauft werden kann. Bei rund der Hälfte aller weltweit angebauten genveränderten Pflanzen handelt es sich um Soja. Keine andere Gentech-Pflanze wird häufiger angebaut als die herbizidresistente Sojabohne des US-Konzerns Monsanto. 2013 wuchs sie auf 84,5 Millionen Hektar, überwiegend in den USA, Argentinien und in Brasilien. Bereits nach drei Jahren bilden Ackerunkräuter Resistenzen gegen das Spritzmittel, der Verbrauch an Herbiziden steigt.

Die Geschichte der Pestizide von der Produktion bis hin zur Anwendung ist reich an Skandalen, die häufig durch die intensive Verflechtung von Wirtschaft und Politik befeuert werden. Die amerikanische Firma Monsanto, jetzt im Besitz der deutschen Bayer-Werke, hat traurige Berühmtheit erreicht durch eine Reihe von Klagen, die gegen die Firma eingereicht wurden und deren Grundlagen teilweise bis in die Zeit des Vietnamkriegs zurückreichen. Ehemalige US-Soldaten, die mit dem Entlaubungsmittel Agent Orange in Berührung gekommen waren, hatten Sammelklagen gegen mehrere Hersteller eingereicht. 1985 wurde nach einem außergerichtlichen Vergleich von sieben Firmen, darunter Monsanto, ein Entschädigungsfonds über 180 Millionen US-Dollar eingerichtet. Eine Klage der vietnamesischen Vereinigung der Opfer von Agent Orange gegen Monsanto und weitere Chemiekonzerne wurde im März 2005 von einem US-amerikanischen Bundesgericht abgelehnt. Immer wieder gelang es der Firma, durch gute Kontakte zu den Spitzen der Politik und durch hohe Entschädigungszahlungen den Kopf aus der Schlinge zu ziehen. Als Dank erhielten Politiker in ihrer Politpension hochdotierte Posten im Aufsichtsrat der Firma.

Der aktuellste Fall betrifft den Wirkstoff Glyphosat, der im Herbizid Roundup enthalten ist und nachweislich Lymphdrüsenkrebs auslösen kann. Offensichtlich waren Monsanto die Gesundheitsgefahren seit vielen Jahren bekannt, diese wurden vertuscht und die Verbraucher nicht gewarnt. In einem Musterprozess wurde das Unternehmen zu einer Zahlung von 290 Millionen US-Dollar verurteilt. Bis heute hat sich nichts an der menschen- und naturverachtenden Praxis geändert, nachgewiesene Schädigungen mit Geld »auszugleichen« und dann zur Tagesordnung überzugehen.

Während Umweltskandale regelmäßig für Aufregung sorgen, insbesondere wenn sie mit Gefahren für die Gesundheit verbunden sind, bleiben Verstöße gegen den Naturschutz meist unbeachtet, da es hier ja meist keine unmittelbar Geschädigten gibt und die Natur selbst keine Stimme hat.

In vielen Fällen stehen Umweltschutz- und Naturschutzbestrebungen sogar im Widerspruch zueinander. So wurde durch die Errichtung zahlreicher Klärwerke zwar die Wasserqualität in Tirols Flüssen in den vergangenen Jahrzehnten fast auf Trinkwasserstandard angehoben. Trotzdem können Fischpopulationen nicht eigenständig überleben, weil die Flüsse verbaut sind und kaum Laichplätze bieten. Wegen des Schwellbetriebs der Kraftwerke kann sich die nächste Fischpopulation nicht entwickeln. Nur der ständige Besatz mit Zuchtfischen kann den Bestand erhalten und dient in erster Linie der Fischerei. Ein intakter Fluss braucht keine menschliche Hilfestellung.

In jüngster Zeit werden immer öfter Maßnahmen getroffen, die zum Ziel haben, durch Rückbau von Flussregulierungen einen naturnahen Zustand zu erreichen. Künstliche Totarme und Buhnen verlangsamen die Fließgeschwindigkeit und können tatsächlich einen Beitrag zum Aufkommen von natürlichem Fischnachwuchs leisten.

Auch zur Bekämpfung der Korallenbleiche in den großen Riffen werden verstärkte Anstrengungen unternommen. Man schätzt, dass mehr als 50 Prozent der Korallen im Great Barrier Reef vor Australien bereits abgestorben sind. Hauptursache ist die steigende Erwärmung der Meere. Bei einem wohl unvermeidlichen globalen Temperaturanstieg um 1,5 Grad könnten 70 bis 90 Prozent der Korallen verloren gehen. Korallentierchen, die Polypen, leben in Symbiose mit Einzellern (Zooxanthellen), ähnlich den Algen, die Photosynthese betreiben und so Zucker und Stärke für ihren Wirt bereitstellen. Bei einem Anstieg von ein bis zwei Grad verliert die Alge ihre Fähigkeit zur Photosynthese und produziert teilweise toxische Produkte. Dann stoßen die Polypen ihren symbiotischen Partner ab. Dabei verlieren die Korallen ihre charakteristische Farbe und bleichen aus. Hält der Temperaturstress an, so gelingt es ihnen nicht, wieder neue Algen aufzunehmen und sie sind mittelfristig dem Hungertod ausgeliefert.

Künstliche Riffe, an denen sich neue Korallen entwickeln können, haben langfristig wenig Aussicht auf Erfolg. Bei dem zu erwartenden Temperaturanstieg würden die neu gebildeten Kolonien bald großflächig wieder absterben. Vielversprechender sind Experimente mit hitzeresistenten Korallen, die im Labor gezüchtet und dann in geschädigte Riffe implantiert werden. So sollte eine Generation von Korallen heranwachsen, die den steigenden Meerestemperaturen zumindest für einige Zeit standhalten können. Forscher bezeichnen, nicht ohne Stolz, ihre Bemühungen als »assistierte Evolution«. Nüchtern betrachtet handelt es sich dabei aber nur um Symptombekämpfung im Sinne des Umweltschutzes. Die eigentliche Ursache für die Korallenbleiche ist die steigende CO_2-Freisetzung und die daraus resultierende globale Erwärmung. Diese wirksam zu bekämpfen, entspricht der Zielsetzung eines übergeordneten Naturschutzes.

Die Nutzung der Windkraft hilft beim Einsparen von klimaschädlichem Kohlendioxid. Sie erfolgt allerdings nicht ohne Auswirkungen auf den Naturschutz. Neben ästhetischen und akustischen Beeinträchtigungen werden auch viele Insekten und Vögel durch die Rotoren getötet. »Irgendwo zwischen 10.000 und 100.000 pro Jahr« liegt die tatsächliche Zahl der getöteten Vögel nach Einschätzung von Hermann Hötker vom Michael-Otto-Institut im Naturschutzbund Deutschland. Es sei aber auch erwähnt, dass ein Vielfaches davon den ca. 8 Millionen Hauskatzen in der Bundesrepublik zum Opfer fällt.

In der Politik sind Umwelt- und Naturschutz vielstrapazierte Begriffe, die oft missbraucht werden, um wirtschaftliche Interessen durchzusetzen. Eine besonders perfide Form ist die Entschädigung für sogenannte unmessbare Schäden. Vor allem bei Wasserbau-Projekten werden so die Gemeindevertreter gefügig gemacht – im Prinzip eine gesetzlich tolerierte, ja sogar geförderte Form der Bestechung. Auch die Schaffung von sogenannten Ausgleichsflächen dient bestenfalls der Gewissensberuhigung. Groteskerweise glaubt man, dass der Verlust von Natur an einer Stelle durch Schutzmaßnahmen in wirtschaftlich weniger bedeutenden Regionen ausgeglichen werden könne. So wurde in Tirol allen Ernstes vorgeschlagen, die durch den Bau von Liftanlagen beeinträchtigten Habitate von Steinböcken durch die Ausweisung von Landschaftsschutzgebieten in Tallagen auszugleichen. Naturschutz muss vor Ort umgesetzt werden!

Manchmal nimmt die gesetzliche Auslegung von Natur- und Umweltschutz groteske Formen an. So müssen beispielsweise die Arbeiten an einem riesigen Ausgleichsbecken ganz in der Nähe meines Wohnorts, das nach EU-Richtlinie den Wasserschwall des nahe gelegenen Kraftwerks glätten soll, für mehrere Monate eingestellt werden, da dieses in der Nähe des Brutgebiets des Ortolans, eines seltenen Singvogels errichtet wird. Der Vogel wurde allerdings schon seit Jahren nicht mehr gesichtet. Gleichzeitig werden aber Hunderttausende Kubikmeter Erdreich bewegt und somit Lebensraum und Agrarflächen vernichtet.

Noch schlimmer sind die Folgen im Hochgebirge. Um den Energiehunger im Land zu stillen und die Schneekanonen mit ausreichend Strom zu versorgen, wird die Wasserkraft in Tirol massiv ausgebaut. In der Umgebung von Kühtai, dem höchst gelegenen Skiort Österreichs, sorgen drei Speicherseen für Spitzenstrom, der etwa im Verhältnis 1:3 gegen Basisstrom aus Deutschland getauscht wird. Jetzt wurde durch einen Beschluss des Bundesverwaltungsgerichts der Weg für den Bau eines vierten Stausees frei gemacht. Dafür wird das naturbelassene Längental geflutet, dessen Bach bisher ungestört über den hochalpinen Talboden mäandern konnte. Ein Naturjuwel wird so für immer verschwinden.

Obwohl große Anstrengungen unternommen werden, durch energiesparende Maßnahmen die Nachfrage nach immer noch mehr Energie zu verringern, wird das Einsparungspotenzial fast zur Gänze durch wachsende Wohnflächen und Komfortansprüche wieder zunichte gemacht. Die Wissenschaft nennt das »Rebound-Effekt«. Er ist ein nicht zu unterschätzendes Hindernis für nachhaltiges Wirtschaften. Technische Verbesserungen führen nur kurzfristig zu Energieersparnissen. Vergleicht man den Benzinverbrauch älterer Autos mit dem moderner Fahrzeuge ist eine Energieeinsparung unverkennbar. Gleichzeitig wurden aber elektrische Fensterheber, Klimaanlagen, Sitz- und Lenkradheizungen u.v.a.m. eingebaut, die einen Teil der Ersparnis wieder aufbrauchen. Die Liste an Beispielen könnte beliebig erweitert werden.

Einer der größten Energiefresser in Tirol ist die künstliche Beschneiung von Skipisten, ohne die kein größeres Skigebiet mehr auskommt. Um die Schneesicherheit auch in Zeiten des Klimawandels und steigender Temperaturen zu garantieren, werden jährlich mehr als 40 Millionen Kubikmeter Kunstschnee produziert. Damit könnte man eine vierspurige Autobahn auf einer Länge von 2000 Kilometern einen Meter hoch bedecken, das entspricht etwa der Strecke Innsbruck – Madrid. Dafür sind etwa 90 GWh hochwertiger elektrischer Energie erforderlich. Mit dieser Energiemenge könnte man die vier größten Städte des Landes versorgen, inklusive der Hauptstadt Innsbruck mit mehr als 300.000 Einwohnern. Der Wasserverbrauch beträgt etwa 16 Millionen Kubikmeter und rekrutiert sich aus hochwertigen Trinkwasserquellen.

Der schwerwiegendste Eingriff in die Natur ist der Verbrauch an Landschaftsressourcen und Lebensraum für Pflanzen und Tiere. 60 Prozent des Amazonas-Regenwaldes befinden sich in Brasilien, 20 Prozent hiervon wurden seit den 1970er Jahren durch Brandrodung zerstört. Nie zuvor waren die Brandrodungen im Amazonasgebiet intensiver als in den Jahren 2019 und 2020 unter Präsident Jair Bolsonaro, der diese Praxis der Gewinnung von Agrarland nicht nur toleriert, sondern indirekt sogar fördert. Im August 2019 verbrannten binnen fünf Tagen 471.000 Hektar Wald, ein Anstieg von 88 Prozent gegenüber dem Vorjahr. Es dauert 40 bis 50 Jahre bis wieder Sekundärurwald gewachsen ist, mindestens 100 Jahre sind notwendig, bis sich der Regenwald wieder vollständig regeneriert hat, sofern er die Gelegenheit dazu bekommt.

In Tirol werden große Gebiete ökologisch wertvoller Hochgebirgsregionen für eine hochalpine Industrielandschaft mit Liftstützen, Seilbahnstationen und Speicherseen verbraucht. Vier Prozent der Landesfläche sind bereits als Skigebiete ausgewiesen. Doch noch ist der Erschließungshunger der Seilbahnunternehmer und Touristiker nicht gestillt. Immer neue Anträge werden an die Landesregierung herangetragen und meist auch genehmigt. Zuletzt standen auch mehrere Gletscher auf dem Wunschzettel der Aktionäre. Die zunehmende Klimaerwärmung verlagert die schneesicheren Skigebiete in immer höher gelegene Regionen. Was mit dem Arbeitsplatzangebot für die Bewohner der Seitentäler argumentiert wird, dient in erster Linie dem Profitstreben einiger weniger. Die Arbeitsplätze werden vorzugsweise an billige Arbeitskräfte aus dem Ausland vergeben.

Durch den Rückzug der Gletscher werden im Gletschervorfeld Flächen freigelegt, die noch nie ein Mensch betreten hat. Schon bald besiedeln Pionierpflanzen und -tiere den neuen

Lebensraum. Die Pläne, in dieser sensiblen Zone mit schwerem Gerät und mittels Sprengungen Pisten zu bauen, treibt jedem Naturliebhaber die Zornesröte ins Gesicht. Glücklicherweise nimmt der Widerstand gegen diese fortschreitende Naturzerstörung zu und hat bereits erste Erfolge erzielt.

Dabei geht es nicht zuletzt um kommende Generationen, deren Verfügungsspielräume immer weiter eingeschränkt werden und die vielleicht intakte Natur nur mehr aus Erzählungen und Dokumentarfilmen kennen werden. Eine große Gefahr ist auch die Gewöhnung an bestehende Zustände. Wer nur mehr Kanäle statt frei fließender Flüsse kennt, könnte das leicht für den Normalzustand halten und den Verlust nicht mehr bewusst wahrnehmen. Auf diese Weise würde die Menschheit zunehmend ärmer, ohne es wirklich zu realisieren.

Natürlich kann man sich die Frage stellen: »Wozu brauchen wir unverfälschte Natur, die scheinbar keinen unmittelbaren Nutzen hat?« Natur hat einen Wert an sich, darüber wird in diesem Buch an verschiedenen Stellen berichtet. Die Sehnsucht nach unberührter Wildnis ist auch beim modernen Menschen noch immer vorhanden. Allerdings haben sich die Rahmenbedingungen seit der Kultivierung und Industrialisierung großer Gebiete grundlegend geändert und Konflikte sind vorprogrammiert. Ein Beispiel dafür ist das vermehrte Auftreten des Wolfes in den Tiroler Alpen. Die Tiere wandern aus dem italienischen Trentino ein und legen dabei große Distanzen zurück. Auf ihren Streifzügen treffen sie auf unbewachte Schafherden in den Almgebieten, die ihnen wie ein gedeckter Tisch erscheinen müssen. Vermehrte Risse von Weidetieren sind die Folge und die Zeitungen berichten mit martialischen Bildern darüber. Immer lauter wird der Ruf nach einer »Entnahme« von sogenannten Problemwölfen. Im nahe gelegenen Schweizer Engadin hat man mit einem gezielten Wolfsmanagement und mit Herdenschutzmaßnahmen die Problematik entschärft. Tatsächlich lassen sich diese nicht ohne großen finanziellen Aufwand realisieren. Auch der Tourismus sieht die Entwicklung skeptisch und fürchtet das Ausbleiben von Gästen. Zumindest diese Sorge scheint unbegründet, da die Tiere sehr scheu sind und nach Einschätzung von Experten keine Gefahr für den Menschen darstellen.

Die Ansiedelung von Bären in Niederösterreich vor Jahren ist gescheitert, ebenso gestaltet sich die Einbürgerung der Luchse als äußerst schwierig. Wie durch einen Zufallsfund bestätigt, sind die Tiere durch Wilderei in den Tiefkühltruhen oder bei Tierpräparatoren gelandet. In einem Fall konnte nachgewiesen werden, dass die Wilderei auf das Konto einer Jägerin ging. Eine Eifersuchtsgeschichte hatte den Frevel öffentlich gemacht.

Die Jagd war in der Vergangenheit häufig die Ursache für das Aussterben von Tieren. Auch in der jüngeren Vergangenheit wurde ein imposantes Tier der Alpen beinahe ausgerottet. Anfang des 19. Jahrhunderts war die Gesamtpopulation der Steinböcke in den Alpen auf etwa 100 Exemplare im italienischen Gran Paradiso geschrumpft. Die Mystifizierung der imposanten Tiere hatte dazu geführt, dass fast alles Verwertbare des Steinbocks, vom Blut über die Haare bis hin zu den Exkrementen als Medizin gegen verschiedene Krankheiten eingesetzt wurde. Ab 1821 wurden die letzten Steinböcke unter Schutz gestellt. 1856 erklärte König Viktor Emanuel die Region zu seinem privaten Jagdrevier und ließ die Tiere von vielen Wildhütern streng bewachen. Trotz mehrerer Gesuche weigerte er sich, auch nur eines der inzwischen auf 3000 Tiere angewachsenen Population für Export und Nachzucht freizugeben. 1906 gelang es einem berüchtigten Schmuggler aus dem Aostatal zwei Steinbockkitze, die er aus dem Besitz des italienischen Königs gestohlen hatte, über die grüne Grenze in die Schweiz zu schmuggeln. Der Besitzer eines Schweizer Wildparks zahlte dafür den stolzen Preis von 800 Franken (heute 30.000 Franken) pro Tier. Von der Schweiz aus erfolgten Nachzucht und

Wiederansiedelung im gesamten Alpenraum. Heute gibt es wieder etwa 45.000 Steinböcke in den Alpen.

Obwohl die Tiere also mittlerweile nicht mehr vom Aussterben bedroht sind, ist das Gedankengut aus dieser Zeit in Teilen der Jägerschaft noch weit verbreitet, wie ein erst kürzlich erschienener Bericht in einer Lokalzeitung meines Bezirks bestätigt. Abseits der Hauptvorkommen im Pitztal, Kaunertal und Ötztal hat sich ein kapitaler Steinbock nach Norden gewagt, um nicht weit entfernt von den Feldringer Böden ein neues Revier zu erobern. Das weckte natürlich Begehrlichkeiten bei den Jagdpächtern und die Freude war groß, als die Bezirkshauptmannschaft grünes Licht für den Abschuss gab mit der Begründung, man habe im Revier in den vergangenen fünf Jahren fünf bis sieben Tiere gesichtet. Es dauerte nicht lange und der Klasse-I-Bock war erlegt. In reißerischer Manier wurde in dem Blatt über die »Heldentat« berichtet. Es waren wohl Jagdlust und Trophäensucht, die verhinderten, dass sich Wanderer und Touristen am Anblick dieses stolzen Tieres erfreuen konnten.

Vor allem Raubvögel wie der Steinadler oder Eulenvögel wie Kauz und Uhu enden oft als Jagdtrophäen in den Jägerstuben, obwohl sie ganzjährig streng geschützt sind. Es ist aber nicht zu leugnen, dass dort, wo Beutegreifer fehlen, ein gezieltes Wildtiermanagement notwendig ist, nicht zuletzt im Interesse der Forstwirtschaft, die oft den Wildverbiss im Wald beklagt. Der überwiegende Teil der Jägerschaft nimmt diese Aufgabe sehr ernst.

Stellt man Umwelt- und Naturschutz einander gegenüber, so ist Letzterem der Vorrang zu geben, da er umfassender ist und Ersteren obsolet macht. Dort wo Naturschutz praktiziert wird, ist Umweltschutz nicht notwendig. Eine strenge Umsetzung von Naturschutzbestimmungen ist aber wohl nur in Schutzgebieten möglich, die regional abgegrenzt sind. Es gibt aber auch wirtschaftliche Gründe, die ein Nebeneinander sinnvoll machen.

Umweltschutz kostet viel Geld, das man durch vorausschauenden Naturschutz einsparen könnte. Die umfassende Verbauung von Flüssen und der ungehemmte Ausbau von Straßen machen oft nach Jahrzehnten teure Rückbaumaßnahmen notwendig, die niemals den ursprünglichen Zustand herstellen können.

Die Natur ist ein wertvolles Gut, das es mit allen Mitteln zu schützen gilt. Dort wo aus wirtschaftlichen Gründen Eingriffe notwendig sind, um den Menschen ein Auskommen zu sichern, müssen diese behutsam und schonend durchgeführt werden. Das sind wir kommenden Generationen schuldig.

Mit der Natur leben

Wer kennt nicht die berühmte Aufnahme unseres Planeten, die 1968 William Anders machte, Kommandant des Raumschiffs Apollo 8, das erstmalig den Mond umkreiste. Der »Aufgang« der Erde am Horizont des Mondes. Ein wunderschöner blauer Planet vor dem tiefschwarzen Hintergrund des Weltalls. Bei diesem Anblick spüren wir ein Gefühl der Verbundenheit mit unserem verletzlichen Heimatplaneten und die Verpflichtung, ihn zu erhalten.

Seit Jahrtausenden sieht der Mensch die Natur aus seinem egozentrischen Blickwinkel und bedient sich mit der größten Selbstverständlichkeit an deren Schätzen. Er unterscheidet und bewertet Lebewesen nach deren kommerziellen Nutzen und unterteilt sie in Nützlinge und Schädlinge.

Der Raubbau hat schon in der Vergangenheit großes Unheil angerichtet. Die Römer entwaldeten die Küstenstriche und Inseln Dalmatiens, um Holz für den Schiffsbau zu gewinnen. Bis heute sind die meisten Regionen verkarstet. Die Wikinger taten es ihnen gleich und sorgten dafür, dass in Island kaum ein Baum stehen blieb. Heute versucht man aufwendig, die ursprüngliche Vegetation wiederherzustellen.

Noch nie jedoch hatte der Mensch die technischen Mittel zur Verfügung, seine Umwelt so massiv zu verändern, wie in unseren Tagen. In Dubai, das für seine Gigantomanie bekannt ist, wird zurzeit ein Megaprojekt in Form eines Archipels von künstlichen Inseln gebaut, dessen Form der Weltkarte nachgebildet ist. »The World« soll auf sechs miteinander verbundenen Eilanden die Kontinente darstellen, in deren Zentrum das Winterwunderland »The Heart of Europe« entstehen soll. Um auch die klimatischen Verhältnisse in Europa zu simulieren, soll es dort mithilfe der Technik und gewaltigem Energieaufwand auch regnen oder schneien und das bei Außentemperaturen um die 40 Grad. Schon jetzt steht in Dubai der größte Indoor Snowpark der Welt. Bis zu 25 Tonnen Schnee fallen hier pro Nacht und sorgen für Skispaß mitten in der Wüste.

Die schon angesprochene Ausbeutung der tropischen Urwälder ist zum einen eine Folge der Gier der reichen Nationen nach Tropenholz zum anderen erfolgt sie aber auch, um landwirtschaftliche Nutzflächen zu gewinnen. 2019 wurden 11,9 Millionen Hektar abgeholzt oder abgebrannt, etwa ein Drittel davon war Primärwald, der für die Biodiversität besonders wichtig ist. So wurde alle sechs Sekunden Primärwaldfläche in der Größe eines Fußballfelds vernichtet und damit auch der Lebensraum vieler bedrohter Pflanzen und Tiere.

Das Streben nach immer mehr, immer größer und weiter, scheint in der menschlichen Natur zu liegen und trotzdem bin ich aus vielen Gründen überzeugt, dass sich schon in nächster Zukunft eine neue Sicht auf die Natur etablieren wird. Seit Jahrzehnten beobachte ich, wie sich die Einstellung großer Teile der Bevölkerung zu Natur und Naturschutz ändert. Das hat auch mit Erziehung und Schule zu tun. Die Förderung des Umweltbewusstseins und das Vermitteln von grundlegenden Kenntnissen umweltrelevanter Themen waren auch für mich von Beginn an ein Prinzip meiner Lehrtätigkeit am Gymnasium und an der Hochschule. Heute sitzen viele meiner ehemaligen Schüler und Studenten an wichtigen Positionen in der Wirtschaft oder auch in den Redaktionen der Medien, viele engagieren sich in NGOs und Bürgerinitiativen. Sie werden ihr Wissen und die Liebe zur Natur an ihre Kinder weitergeben. Auch die Medien spielen eine wichtige Rolle. Keine Fernsehstation, die etwas auf sich hält, kommt ohne Natursendungen aus. Viele Formate werden wöchentlich als Serie ausgestrahlt und liefern uns beeindruckende Bilder ins Wohnzimmer, die langfristig nicht ihre Wirkung verfehlen werden.

Wie schon in den vorangehenden Kapiteln beschrieben, halte ich den Wunsch nach intakter Natur für ein Grundbedürfnis des Menschen. Je weiter dieser sich von der Natur entfernt hat, umso größer wird das Verlangen danach. So liegt zum Beispiel in den Städten der Anteil der Grünwähler deutlich über dem Durchschnitt, in Innsbruck stellt die Partei sogar den Bürgermeister. Nicht selten wird allerdings die latent vorhandene Naturliebe von durchaus egoistischem Profitstreben überlagert. Winken satte Gewinne, so kann man schon einmal seine Prinzipien vergessen. Es gibt aber auch Menschen, die ihre Überzeugung über den persönlichen Vorteil stellen. Hansjörg Auer, einer der weltbesten Kletterer, der viele Free-Solo-Erstbegehungen unternommen hatte, gehörte zu dieser Spezies. Obwohl von einer großen Tourismusorganisation gesponsert, sparte er nicht mit Kritik an so mancher touristischen Fehlentwicklung und der ungezügelten Erschließung von Hochgebirgsregionen. Er war aktives Mitglied unserer Bürgerinitiative, ich habe ihn vor allem wegen seiner Offenheit und der Kompromisslosigkeit seiner Überzeugung geschätzt.

In seinem Buch »Südwand« formuliert er seine Gedanken: »Verbaute Welt, abgestumpfte Gesellschaft. Neugierde und Wagnis im Dasein. Verändert Denken. Aufbrechen, um zu verstehen. Gedankenstrom.« 2019 ist Hansjörg in den kanadischen Rockys zusammen mit zwei Bergkameraden unter einer Lawine ums Leben gekommen.

Wie die Rückmeldungen auf unserer Petitionsplattform bestätigen, sieht ein Großteil der Menschen den Hauptgrund für die fortschreitende Zerstörung intakter Natur im ungezügelten Wachstum von Wirtschaft und Konsum. Grenzenloses Wachstum ist nicht nur physikalisch unmöglich, es ist auch eine Sackgasse der gesellschaftlichen Entwicklung. Meist sind es künstlich geweckte Bedürfnisse, deren Befriedigung keine spürbare Verbesserung der Lebensqualität mit sich bringt. Wer die Werbeeinschaltungen in Rundfunk und Fernsehen kritisch durchleuchtet, wird schnell erkennen, wie viele sinnlose Produkte uns schmackhaft gemacht werden. Sie alle belasten nicht nur unsere Geldbörse sondern auch die Umwelt. Von der Produktion bis zur Entsorgung ist es oft nur ein kurzer Weg. Es ist eng geworden auf unserer Erde. Die Zahl der Menschen und deren Ansprüche sind rasant gestiegen. Innerhalb von nur fünfzig Jahren hat sich die Weltbevölkerung von 3,6 auf 7,7 Milliarden Erdenbewohner mehr als verdoppelt. Gleichzeitig ist der Lebensstandard in den meisten Ländern gestiegen und damit auch der Verbrauch der endlichen Ressourcen. Die Kluft zwischen dem, was die Erde anbietet, und dem, was wir tagtäglich verbrauchen, wird immer größer. Der sogenannte »Overshoot Day«, an dem wir die natürlichen Ressourcen eines Jahres aufgebraucht haben, rückt immer weiter vor. Im Jahr 2019 war es der 3. Mai. Die Zeit danach leben wir sozusagen auf Kredit, den wohl die nächste Generation zurückzahlen muss.

Corona hat uns zumindest kurzfristig die Augen geöffnet. Plötzlich wurde klar, wie wertlos teure Klamotten oder Autos angesichts einer weltweiten Bedrohung der Gesundheit von Millionen Menschen sind. Vielleicht wird man sich wieder auf Werte besinnen, die in den vergangenen Jahrzehnten weniger Aufmerksamkeit genossen: Nachhaltigkeit, Naturverbundenheit, Zukunftsorientiertheit.

Was aber bedeutet nachhaltig? In einem 1987 erschienenen Bericht der Vereinten Nationen, der unter der Federführung der ehemaligen norwegischen Ministerpräsidentin Gro Harlem Brundtlandt entstand und nach ihr benannt ist, findet sich eine sehr einfache Definition: »Dauerhafte (nachhaltige) Entwicklung ist eine Entwicklung, die die Bedürfnisse der Gegenwart befriedigt, ohne zu riskieren, dass künftige Generationen ihre eigenen Bedürfnisse nicht befriedigen können.«

Für meinen Geschmack ist diese Definition zu sehr auf den Menschen fixiert. Ich vermisse darin die Berücksichtigung der Umwelt, die ja eigentlich unsere Mitwelt ist.

Die egozentrische Betrachtung der Natur zieht sich wie ein roter Faden durch die Geschichte. Wir nehmen uns wieder einmal zu wichtig. Die Natur hat ein Existenzrecht auch ohne uns Menschen. Es gab sie lange vor uns und wird sie wohl auch nach uns noch geben. Ich vermisse die Demut und Dankbarkeit für all die Gaben, die sie uns zur Verfügung stellt.

Wir brauchen einen neuen Blickwinkel auf unseren Planeten. Die Erde ist in unserer Wahrnehmung in den letzten Jahrzehnten kontinuierlich kleiner und überschaubarer geworden. Der Blick aus einer Raumstation oder vom Mond offenbart die Schönheit, aber auch die Verletzlichkeit unseres Heimatplaneten. Die Meere sind nicht mehr unendlich groß, die Atmosphäre nicht mehr unbegrenzt und die Distanzen auf der Oberfläche sind in unserer Wahrnehmung erheblich geschrumpft. Es gibt keinen größeren internationalen Flughafen auf der Welt, der nicht innerhalb von 24 Stunden erreichbar wäre.

Durch die modernen Kommunikationsmittel sind die Distanzen in unserer Einschätzung beträchtlich kleiner geworden. Als ich vor 20 Jahren mit einem Handy vom Rand der Kalahari in Namibia nach Hause telefonierte, war das, als würde meine Frau vom Nebenzimmer aus mit mir kommunizieren. Heute kann ich auch gleich mein Bild und die mich umgebende Landschaft live mit in unser Wohnzimmer liefern. Das Internet und die damit verbundene Globalisierung hat das Gefühl in uns Menschen verstärkt, dass wir alle auf einem nicht allzu großen Planeten wohnen, den es zu beschützen gilt. Vor dreißig Jahren hätte uns die Nachricht von ausgedehnten, menschengemachten Waldbränden am Amazonas wohl kaum in Aufregung versetzt, zu weit weg war das Geschehen. Heute engagieren sich Menschen auch bei Umweltaktionen auf anderen Kontinenten. Es gibt tatsächlich so etwas wie ein globales Verantwortlichkeitsgefühl. Die Medien tragen durch ihre Berichterstattung dazu bei, dass Emotionen geweckt werden, selbst dann, wenn das auslösende Ereignis weit entfernt stattfindet. Und wieder ist es die Corona-Pandemie, die uns gezeigt hat, dass globale Probleme nur global gelöst werden können, obwohl viele Staaten ihre eigenen nationalen Strategien verfolgten und für eine gewisse Zeit sich vom Rest der Welt abgeschottet haben, hätte ein Alleingang keine Chance auf Erfolg gehabt.

Die Pandemie hat uns aber auch gezeigt, dass menschengemachte Regelwerke keine unveränderlichen Naturgesetze sind. Sie können jederzeit, auch kurzfristig, geändert werden, wenn man will oder muss. Die Akzeptanz für notwendige Einschränkungen ist in der Bevölkerung vorhanden, wenn sie deren Notwendigkeit erkennt. Das muss auch für die Umwelt gelten, wenn wir unseren Planeten in einem lebenswerten Zustand erhalten wollen. Ohne Verzicht wird es nicht gehen, aber der Gewinn an dauerhafter Lebensqualität und die Sicherung einer nachhaltigen Zukunft für kommende Generationen sollten ausreichend Motivation dafür bieten. Wir müssen uns an eine neue Bescheidenheit gewöhnen und erkennen, dass steigende Prosperität nicht zwangsläufig mehr Lebensqualität bedeutet. Eine amerikanische Studie aus den Siebzigerjahren untersuchte in 19 verschiedenen Ländern den Zusammenhang zwischen Lebenszufriedenheit, die durch Umfragen ermittelt wurde und dem durchschnittlichen Pro-Kopf-Einkommen. Bei niedrigen Werten ergab sich ein direkter Zusammenhang. Je höher aber das Einkommen war, umso weiter drifteten die beiden Kurven auseinander. Das sogenannte »Easterlin-Paradoxon« besagt also, dass immer mehr Besitz nicht automatisch immer glücklicher macht, sofern die Grundbedürfnisse befriedigt werden können.

Wir müssen unsere Stellung im Universum neu definieren und uns von dem jahrhundertelang durch die Religionen geprägten Bild der einzigartigen Sonderstellung unserer Spezies lossagen. Betrachten wir die Geschichte unseres Planeten über die fast fünf Milliarden Jahre seiner Existenz und stellen das Auftreten des intelligenten Menschen vor erst 300.000 Jahren dem gegenüber, so ist die Menschheit nichts anderes als ein Experiment der Natur mit ungewissem Ausgang. Lebensformen sind auf der Erde aufgetreten und wieder verschwunden, warum soll die Natur für uns eine Ausnahme vorsehen, zumal unser Wirken nicht dazu angetan ist, die Lebensbedingungen auf der Erde zu verbessern? Was Anpassungs- und Widerstandsfähigkeit angeht, sind uns die meisten Einzeller weit überlegen. Das Leben kann und wird auch ohne uns weitergehen.

Vieles hat sich im Verhältnis Mensch – Natur schon jetzt verändert. Es ist salonfähig geworden, sich gegen die Zerstörung von Natur zur Wehr zu setzen. Hat eine Bewegung erst einmal eine kritische Masse erreicht, sind auch die Politiker bereit, ihre meist von ökonomischen Überlegungen dominierte Meinung zu ändern. Ich habe schon mehrmals erlebt, dass die von mir und meinen MitstreiterInnen verwendeten Argumente oft Jahre später fast wortident von unseren damaligen Kontrahenten verwendet wurden, um damit ihren Meinungsumschwung zu begründen.

Ende 2019 fand in Deutschland bereits zum sechsten Mal eine bundesweite Befragung zum Bewusstsein der Bevölkerung für Natur, Naturschutz und biologische Vielfalt statt.

Das auffälligste Ergebnis war, dass sich immer mehr Menschen Gedanken über den sorglosen Umgang mit der Natur machen: 2019 sind es 63 Prozent, 2017 waren es nur 47 Prozent. Auch die Aussage, dass es die Pflicht des Menschen sei, die Natur zu schützen, findet immer mehr Rückhalt: 2019 äußern dies 75 Prozent, 2017 waren es nur 63 Prozent, bei der ersten Studie 2009 sogar nur 54 Prozent. Die Bedrohung der Artenvielfalt wird immer deutlicher wahrgenommen. 89 Prozent geben an, dass die Artenvielfalt das persönliche Wohlbefinden und die Lebensqualität fördern.

Die gestiegene Sensibilität spiegelt sich auch in den Ergebnissen einer vom WWF durchgeführten Umfrage wider, die die Einstellung der Österreicher zu Naturschutz und Tourismus erhob.

80 Prozent der Befragten halten eine Verbauung von noch ursprünglichen Landschaften für nicht akzeptabel.

81 Prozent befürchten bei einer weiteren Verbauung der Landschaft negative Auswirkungen auf Erholung und Naturerlebnis.

84 Prozent der Befragten gaben auch an, dass attraktive, ursprüngliche Landschaften für den Tourismus in Zukunft immer wichtiger werden.

89 Prozent wünschen sich einen verbindlichen ausnahmslosen Schutz der Gletscher- und Hochgebirgsregionen vor weiterer Verbauung.

Die Zahlen geben Anlass zu Optimismus. Nun scheint es wichtig, dass die Botschaft auch bei den Tourismusverantwortlichen und in der Politik ankommt.

Von der Einsicht zur Überzeugung und schließlich zum Handeln ist es oft ein weiter Weg. Widerstände von Gruppen, die ihren Handlungsspielraum und ihre kommerziellen Interessen gefährdet sehen, müssen überwunden werden. Impulse für ein neues Naturverständnis kommen zunehmend von der Basis, aus der Mitte der Gesellschaft. Ob es Fridays for Future von Greta Thunberg oder die vielen lokalen Bürgerinitiativen sind, die Menschen setzen sich immer mehr gegen die Zerstörung ihrer Umwelt zur Wehr. Es ist vor allem die Jugend, die um ihre Zukunft fürchtet und gezielt die neuen Medien nützt. Massen-E-Mails, Blogs und Online-Petitionen eröffnen neue Wege der demokratischen Meinungsäußerung und üben einen nicht zu unterschätzenden Einfluss auf politische Entscheidungen aus. Demonstrationen und spontane Protestaktionen können heute schnell über die sozialen Netzwerke organisiert werden. Missstände, von Einzelpersonen aufgedeckt, können rasch einer breiten Öffentlichkeit mitgeteilt werden. Das Handy als ständiger Begleiter der jungen Menschen ist ein mächtiges Instrument zur Dokumentation und Information geworden.

Was als latentes Unbehagen gegenüber einer außer Rand und Band geratenen ökonomischen Entwicklung begonnen hat, führt zu Widerständen mit immer konkreteren Zielsetzungen. Begriffe wie »Umweltverträglichkeit« und »Nachhaltigkeit« haben Eingang in den alltäglichen Sprachgebrauch gefunden.

Inzwischen folgen auch immer mehr Firmen diesem Trend. Eines der ersten Unternehmen, das den Naturschutz auf seine Fahnen geheftet hat, ist der kalifornische Hersteller von Outdoor-Ausrüstung »Patagonia«. Mit der Aktion »One Percent for the Planet« werden weltweit Aktivisten unterstützt, die sich für den Erhalt der Natur einsetzen. Es wird großer Wert auf umweltfreundliche Produktionsverfahren und Recycling bei der Herstellung von Kleidung gelegt, für die ein meist kostenloser Reparaturservice zur Verfügung steht.

Wie könnte nun ein Modell aussehen, das Natur und Mensch eine gemeinsame Zukunft garantiert?

Ein neuer Blickwinkel auf das Natur-Mensch-Verhältnis lässt sich meiner Meinung nach auf drei Aspekte reduzieren:

- Unser Planet ist klein und endlich. Er ist verletzlich und es liegt in der Macht und der Verantwortlichkeit der Menschheit, ihn zu zerstören oder aber nachhaltig lebenswert zu erhalten.

- Wir Menschen sind nicht der Mittelpunkt des Universums oder die Krone der Schöpfung. Wir sind Teil einer gemeinsamen Entwicklung, die alle Bereiche umfasst. Die Natur stellt einen Wert an sich dar, auch ohne unser Zutun. Sie hat ein Recht auf Unversehrtheit und ungestörte Entwicklung.

- Unser Handeln muss bestimmt sein von Rücksichtnahme auf die Bedürfnisse der gesamten Umwelt, zukünftige Generationen mit eingeschlossen. Es ist nicht zulässig, Anleihen bei der

Natur zu nehmen, die nicht innerhalb eines überschaubaren Zeitraums beglichen werden können.

Das bedeutet letztlich, dass wir nicht *in* der Natur leben, sie sozusagen als externen unabhängigen Lebensraum nutzen, sondern *mit* der Natur, als ein integrativer Teil von ihr. Mit dieser Einstellung würden gravierende Eingriffe als Störungen des eigenen Wohlbefindens wahrgenommen und auf ein Mindestmaß reduziert. Wir könnten nach wie vor die Schätze der Natur nutzen, aber immer mit Bedacht und dem Blick auf die langfristigen Auswirkungen auf ein Ökosystem, dem auch wir angehören. Großprojekte müssen konsequent auf Naturverträglichkeit und Nachhaltigkeit geprüft werden.

Auch der Umgang mit unseren Mitlebewesen, Pflanzen und Tieren, muss neu gedacht werden. Wir müssen nicht alle zu Vegetariern werden, den Konsum von Fleisch einzuschränken, wäre allerdings nicht zuletzt aus gesundheitlichen Überlegungen ein guter Ansatz. Vor allem aber gilt es, die Lebensbedingungen für unsere Nutztiere umgehend zu verbessern. Es braucht überprüfbare Standards, die sich nicht allein an ökonomischen Überlegungen orientieren. Um lange Tier- und Lebensmitteltransporte zu vermeiden, muss die regionale Versorgung forciert werden. Pflanzen und Tiere als Lebewesen und nicht als Sache zu begreifen, ist die Grundvoraussetzung für eine artgerechte Tierhaltung und eine nachhaltige Bewirtschaftung von agrarischen Nutzflächen. Dafür müsste der Konsument aber auch einen höheren Preis akzeptieren.

Der Umgang mit den schrumpfenden Ressourcen an ursprünglichen Landschaften ist die vielleicht größte Herausforderung. Es liegt in Verantwortung von uns Menschen, jene Reste von Wildnis auf unserem Planeten zu bewahren, die dem wachsenden Druck von Rohstoff-, Agrar- und Tourismusindustrie bis jetzt standgehalten haben, und sie der nächsten und übernächsten Generation als Weltnaturerbe zu hinterlassen. Dieser schwierigen Aufgabe müssen wir uns jetzt stellen, bevor es zu spät ist.

Wir brauchen einen weltweiten Konsens, dass Natur einen Wert an sich besitzt, dass deren Zerstörung weitgehend irreversibel ist und dass es sich lohnt, die Reste intakter Naturlandschaften zu erhalten. Es gilt, Formen einer Koexistenz von Wirtschaft, Landwirtschaft und Tourismus auf der einen und Natur auf der anderen Seite zu finden, die einen gewissen Spielraum für die Nutzung von Ressourcen lassen, ohne diese substanziell anzugreifen. Das wird nicht ohne Verzicht gehen, der aber in wirtschaftlich stabilen Zeiten durchaus verkraftbar sein sollte. Der Mensch ist nicht für die Saturiertheit gemacht, die langfristig nur Unzufriedenheit und Langeweile generiert. Immer klarer zeigt sich bei einer Mehrheit der Bevölkerung die Sehnsucht nach intensiven Naturerfahrungen, die einen entspannenden und erholsamen Effekt auf unsere Psyche ausüben und langfristig zu innerer Zufriedenheit führen.

Dank

Ich möchte mich bei allen bedanken, die durch ihre Unterstützung die Realisierung dieses Buchprojektes ermöglicht haben und dadurch vielleicht auch ein wenig dazu beitragen, dass das Verhältnis von uns Menschen zur Natur in Zukunft von mehr Respekt und Rücksichtnahme gekennzeichnet sein könnte.

Mein ganz besonderer Dank gilt Andreas Höpperger, Christian Höpperger, Christoph Ruhsam (www.frozen-latitudes.com), Elisabeth Hechl, Harald Karl Winkler, Günter Steffan und der Tiroler Bergwacht - Bezirk Imst.

Der Autor

© Claudia Estermann

Gerd Estermann promovierte im Fachbereich Chemie zum Thema Umweltanalytik an der Universität Innsbruck. Danach unterrichtete er viele Jahre als Gymnasiallehrer Chemie und war in der Erwachsenenbildung tätig. Heute ist er Lektor an einer Hochschule für Verfahrens- und Umwelttechnik.

Neben seiner Arbeit gründete und leitete er mehrere Bürgerinitiativen. Sein größtes Anliegen ist dabei die Bewahrung der ursprünglichen Natur in seiner Heimat, den Tiroler Bergen. Zuletzt sammelte eine von ihm ins Leben gerufene Petition zum Gletscherschutz knapp 170.000 Unterschriften.